線形代数千一夜物語

小松 建三

数学書房

ごあいさつ

　はじめまして．シェヘラザードと申します．宮殿で毎夜，数学が苦手な王様に線形代数をお教え申し上げております．本書では「語り手」を務めさせていただきますので，よろしくお願いいたします．

　数学は見るのもイヤという**数学アレルギー**にお悩みの方々は本当にたくさんいらっしゃいます．数学はあらゆる学問の基礎．その数学が多くの国民から嫌われ拒否されているという現実は何を意味するのでしょう．もしかすると**数学アレルギーの蔓延は国の総合的な力が将来衰えていくことを暗示している**のではないかと心配になってしまいます．

　ところで，この数学アレルギーにとても良く効くお薬があるのです．**快感**と**優越感**でございます．

　快感と申しますのは，数学の問題が解けたときの，やったーという快感のことでございます．問題がやさしすぎますと，快感はえられません．難しすぎて解けなければ，やはりダメでございます．ちょうどいい難しさの数学の問題がうまく解けたとき，やったーという快感がえられます．なんとこの快感，サッカーのゴールが決まった時や，恋のときめきを感じた時と同じなのだそうでございます．

　優越感と申しますのは，人にはできないことが自分にはできると自覚することでございます．本書を勉強なさったあとで，親しいお友達に次の問題が解けるかどうか聞いてみて下さい．4次の行列式

$$\begin{vmatrix} 1 & 2 & 3 & 4 \\ 2 & 3 & 4 & 1 \\ 3 & 4 & 1 & 2 \\ 4 & 1 & 2 & 3 \end{vmatrix}$$

の値を求めよ，という問題です．これを見てスラスラ解ける人は，専門家を除いてほとんどいないでしょう．本書をしっかり勉強なさった方はピン

と来るはず．行和が等しいケースですから，第 1 列に他の列を加えて共通因子の 10 をくくり出し，あとははき出しと展開によって，解いてみせましょう (答は 160)．お友達のびっくり仰天した顔を見て，なんともいえない優越感を味わうことができるのです！

　数学アレルギーの方が快感と優越感を共に味わうことのできる数学の分野として，線形代数は最適のものと言えるでしょう．微積分とちがって，計算は基本的に四則演算 ($+-\times\div$) だけでございます．中学校の数学をよく理解なさっている方なら，どなたでもチャレンジできます．

　申しおくれましたが，**線形代数**とは，**行列式**，**ベクトル**，**行列**，**連立 1 次方程式**などを扱う数学の一分野でございます．応用範囲が極めて広く，大学でも重要な科目として教えられていますが，大学の先生は理論に重点を置いて計算をしっかり教えないため，今の大学生は基本的な計算がほとんど身に付いておりません (試験が終わるとすぐ忘れてしまいます)．ですから気合いを入れて本書を勉強すれば，大学生にも解けない問題が自分には解けるという優越感を体験することができるのです．

　ひとつ大切なご注意がございます．線形代数の計算は中学生でもできる簡単なものではありますが，計算の量がかなり多く，しかも一箇所計算ミスをすると全部アウト，というケースが多いのです．計算は慎重に行い，必ず計算のチェックを行うことを習慣づけて下さい．そうしないと (多くの大学生がそうであるように) 計算ミスの嵐になってしまいます．

　数学アレルギーの方が本書をお読みになるとき，少くとも**行列式の計算法**だけはしっかりマスターすることを目標にして下さい．それだけでかなりの快感と優越感を味わうことができます．線形代数を使った**相性占い**を楽しむこともできるようになります．ご家庭で，職場で，皆様のアイデアと工夫をつけ加えて，さらに面白い占いを作り出して下さい．

　論理と証明一辺倒の従来の考え方を改め，本書では**楽しさと慣れることを基本**に数学が体の中に自然に入って行くよう工夫されています．

　何度読んでもわからない所は適当に読みとばして下さい．つまみ食いで

もいいとこどりでも結構でございます．マイナス思考ではなくプラス思考でお読み下さいませ．

　本書をお読みになって多少とも線形代数に興味をお持ちになりましたら，図書館や大型書店で線形代数の書物を覗いてみて下さい．ちんぷんかんぷんのものが多いかと思いますが，中には，これなら読めそう，と思われるものもあるでしょう．ぜひチャレンジしてみて下さい．本書で学ばれた**線形代数のツボ**がとてもお役に立つでしょう．行列式や行列のもつさまざまな性質がなぜ成り立つかという謎解き(いわゆる**証明**)を知ることもできます．

　さてさて，本書をお読みになるとき，できましたら新しいノートを１冊ご用意下さい．心のご準備はもうよろしゅうございますか？　それでは，おやじギャグが玉にキズのお茶目な王様とご一緒に，「線形代数千一夜物語」を心行くまでお楽しみ下さいませ．

シェヘラザードより

●目次

　　　　　ごあいさつ …i

第一夜　行列式の計算 …1

第二夜　行列式の定義 …15

第三夜　余因子展開 …23

第四夜　文字をふくむ行列式の計算 …29

第五夜　ベクトル …34

第六夜　行列 …47

第七夜　固有値の計算 …60

第八夜　行列の積 …70

第九夜　相性占い　線形代数で遊ぶ …83

第十夜　正則行列と逆行列 …91

第十一夜　逆行列の計算 …103

第十二夜　階数の計算 …120

第十三夜　1次独立と1次従属 …135

第十四夜　クラメールの公式 …149

第十五夜　連立1次方程式 …161

第十六夜　数学はなぜ嫌われるのか …172

　　　　　あとがき …183

索引 …184

● 第一夜

行列式の計算

(シェヘラザードという名前は長いので,「シェ」と略記させていただきます.)

● 行列式

王様　ねえ，シェヘラザード.

シェ　はい.

王様　一年中でいちばん不愉快な季節って，冬かい？

シェ　いきなり出ましたね！　王様，今夜は行列式のお話をいたします.

王様　なつかしいなあ．仰げば尊しにほたるの光か.

シェ　それは卒業式でございます！

● 2 次の行列式

シェ　2 次の行列式とその値を,

$$\begin{vmatrix} a & b \\ c & d \end{vmatrix} = ad - bc$$

と定めます．たとえば

$$\begin{vmatrix} 3 & 1 \\ 1 & 4 \end{vmatrix} = 3 \times 4 - 1 \times 1$$
$$= 12 - 1$$
$$= 11$$

となります.

王様 ナナメにかけて

$$\begin{vmatrix} a & b \\ c & d \end{vmatrix}$$

そして引き算するのだな. かんたんかんたん.

シェ それでは王様, 次の問題をお考え下さいませ.

●例題 1

行列式 $\begin{vmatrix} 5963 & 5965 \\ 5964 & 5966 \end{vmatrix}$ の値を求めよ.

シェ いかがでございます？

王様 5963 に 5966 をかけるのか！ ゴクローサンだ. 電卓はどこだ？

シェ 数字の並び方に規則性がございます. そこで 5963 を a とおきますと,

$$\begin{vmatrix} 5963 & 5965 \\ 5964 & 5966 \end{vmatrix} = \begin{vmatrix} a & a+2 \\ a+1 & a+3 \end{vmatrix}$$
$$= a(a+3) - (a+2)(a+1)$$
$$= a^2 + 3a - (a^2 + 3a + 2)$$
$$= -2$$

となり, 電卓が無くても計算できるのでございます.

●例題 1 の答

-2

●行と列

シェ　行列式の中で，ヨコに並んだ数を**行**と申します．行は上から第1行，第2行，…と数えます．たとえば3次の行列式

$$\begin{vmatrix} a & b & c \\ d & e & f \\ g & h & i \end{vmatrix}$$

の第1行は (a, b, c)，第2行は (d, e, f)，第3行は (g, h, i) となります．行列式の中で，タテに並んだ数を**列**と申します．列は左から第1列，第2列，…と数えます．3次の行列式

$$\begin{vmatrix} a & b & c \\ d & e & f \\ g & h & i \end{vmatrix}$$

の第1列は $\begin{pmatrix} a \\ d \\ g \end{pmatrix}$，第2列は $\begin{pmatrix} b \\ e \\ h \end{pmatrix}$，第3列は $\begin{pmatrix} c \\ f \\ i \end{pmatrix}$ となります．

●例題2

4次の行列式

$$\begin{vmatrix} -1 & 1 & 0 & 1 \\ 2 & 5 & -1 & 2 \\ 0 & 1 & 1 & 1 \\ 2 & 3 & -1 & 1 \end{vmatrix}$$

の第3行と第4列はそれぞれ何か．

シェ　行と列を逆におぼえてしまう方がよくいらっしゃいます．行はヨコ，列はタテでございます．

●例題 2 の答

$(0, 1, 1, 1)$ と $\begin{pmatrix} 1 \\ 2 \\ 1 \\ 1 \end{pmatrix}$.

◉ 行列式の計算の基本

シェ　行列式の定義はとてもややこしいので明晩ご説明いたします．まず計算ができるようにしてしまいましょう．計算の基本は，はき出しと展開によって行列式の次数を下げていく，ということでございます．

王様　はき出しと展開がキーワードだな？

シェ　行列式には，次の重要な性質がございます．

　行列式のある行に，他のある行を何倍かしたものを加えても(あるいは引いても)，行列式の値は変わらない．
　行列式のある列に，他のある列を何倍かしたものを加えても(あるいは引いても)，行列式の値は変わらない．

シェ　たとえば3次の行列式

$$\begin{vmatrix} 1 & 2 & 3 \\ 4 & 5 & 6 \\ 7 & 8 & 10 \end{vmatrix}$$

の第1行に，第2行を2倍したものを加えますと，

$$(1, 2, 3) + 2 \times (4, 5, 6) = (1, 2, 3) + (8, 10, 12)$$
$$= (9, 12, 15)$$

より，

$$\begin{vmatrix} 1 & 2 & 3 \\ 4 & 5 & 6 \\ 7 & 8 & 10 \end{vmatrix} = \begin{vmatrix} 9 & 12 & 15 \\ 4 & 5 & 6 \\ 7 & 8 & 10 \end{vmatrix}$$

となります．変化するのは第 1 行だけで，第 2 行と第 3 行は変化しないことにご注意下さいませ．

あるいは，行列式

$$\begin{vmatrix} 1 & 2 & 3 \\ 4 & 5 & 6 \\ 7 & 8 & 10 \end{vmatrix}$$

の第 3 列から，第 1 列を 3 倍したものを引きますと，

$$\begin{pmatrix} 3 \\ 6 \\ 10 \end{pmatrix} - 3 \times \begin{pmatrix} 1 \\ 4 \\ 7 \end{pmatrix} = \begin{pmatrix} 3 \\ 6 \\ 10 \end{pmatrix} - \begin{pmatrix} 3 \\ 12 \\ 21 \end{pmatrix}$$

$$= \begin{pmatrix} 0 \\ -6 \\ -11 \end{pmatrix}$$

より，

$$\begin{vmatrix} 1 & 2 & 3 \\ 4 & 5 & 6 \\ 7 & 8 & 10 \end{vmatrix} = \begin{vmatrix} 1 & 2 & 0 \\ 4 & 5 & -6 \\ 7 & 8 & -11 \end{vmatrix}$$

となります．このときも第 1 列と第 2 列は変化しないことにご注意下さいませ．

王様 行列式の値を変えずに，行列式を変形するわけだな．

シェ はい．行列式のこの性質を何回か用いて，与えられた行列式を，値を変えずに，行列式のある行 (または列) の数が **1** つを除いてすべて **0** になるように変形いたします．この操作を**はき出し**と申します．

どの行 (または列) ではき出しを行ったらよいのか，決まっているわけではありません．1 つポイントがございます．

行のはき出しには列を用いる．列のはき出しには行を用いる．

王様 なんのこっちゃ？

シェ 実際の例でご説明いたします．
行列式

$$\begin{vmatrix} 1 & 1 & 1 \\ -2 & 1 & 3 \\ 3 & 5 & -1 \end{vmatrix}$$

において，第 1 列の数が 1 つを除いてすべて 0 になるように変形してみましょう．列のはき出しですから，行を用います．

行列式の第 2 行に，第 1 行を 2 倍したものを加えます．

$$(-2, 1, 3) + 2 \times (1, 1, 1) = (-2, 1, 3) + (2, 2, 2)$$
$$= (0, 3, 5)$$

なので，

$$\begin{vmatrix} 1 & 1 & 1 \\ -2 & 1 & 3 \\ 3 & 5 & -1 \end{vmatrix} = \begin{vmatrix} 1 & 1 & 1 \\ 0 & 3 & 5 \\ 3 & 5 & -1 \end{vmatrix}.$$

となります．さらに第 3 行から第 1 行を 3 倍したものを引きます．

$$(3, 5, -1) - 3 \times (1, 1, 1) = (3, 5, -1) - (3, 3, 3)$$
$$= (0, 2, -4)$$

なので，

$$\begin{vmatrix} 1 & 1 & 1 \\ -2 & 1 & 3 \\ 3 & 5 & -1 \end{vmatrix} = \begin{vmatrix} 1 & 1 & 1 \\ 0 & 3 & 5 \\ 3 & 5 & -1 \end{vmatrix} = \begin{vmatrix} 1 & 1 & 1 \\ 0 & 3 & 5 \\ 0 & 2 & -4 \end{vmatrix}$$

となります．これで行列式の第 1 列の数が，1 つを除いてすべて 0 になりました．

王様　何となくイメージはつかめたような気がする．

要するに列のはき出しの場合は，ある 1 つの行を固定して，それに適当な数をかけたものを他の行に加えたり引いたりして，問題の列の数を次々に 0 にしていくわけだな．

シェ　その通りでございます．

●例題 3

4 次の行列式

$$\begin{vmatrix} -1 & 1 & 0 & 1 \\ 2 & 5 & -1 & 2 \\ 0 & 1 & 1 & 1 \\ 2 & 3 & -1 & 1 \end{vmatrix}$$

において，第1列に第4列を加え，さらに第2列から第4列を引くとどうなるか．

シェ　加えるということは「1倍して加える」ことですから行列式の値は変わりません．引く場合も同じです．第4列は変化しないことにご注意下さいませ．

●例題3の答

$$\begin{vmatrix} 0 & 0 & 0 & 1 \\ 4 & 3 & -1 & 2 \\ 1 & 0 & 1 & 1 \\ 3 & 2 & -1 & 1 \end{vmatrix}$$

シェ　行列式のある行(または列)の数が，1つをのぞいて全部0になったとき，行列式の次数を1つ下げることができます．この計算を展開と申します．ここはちょっとややこしいので，よく注意してお聞き下さいませ．

　行列式の1つの行が a を除いてすべて0のとき，a の場所に注目して，そこを通る行と列をもとの行列式から取り去ってしまう．すると次数が1つ小さい行列式ができる．それに a をかけて，さらに a のあった場所の行番号と列番号を加えたものが偶数のときはプラス，奇数のときはマイナスの符号をつければよい．

シェ　列の場合も同様でございます．式で書きますと，次のようになります．

(行の場合)

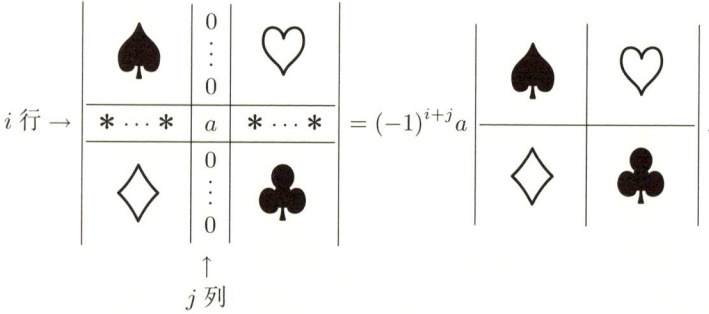

(列の場合)

シェ ここで $(-1)^{i+j}$ は，$i+j$ (すなわち行番号と列番号を加えたもの) が偶数のときは 1 を，奇数のときは -1 を表します．

少し例をあげておきましょう．

(1) $\begin{vmatrix} a & 0 & 0 \\ b & c & d \\ e & f & g \end{vmatrix} = a \begin{vmatrix} c & d \\ f & g \end{vmatrix}$

(2) $\begin{vmatrix} a & 0 & b \\ c & 0 & d \\ e & f & g \end{vmatrix} = -f \begin{vmatrix} a & b \\ c & d \end{vmatrix}$

$$(3)\quad \begin{vmatrix} a & b & c \\ 0 & d & 0 \\ e & f & g \end{vmatrix} = d \begin{vmatrix} a & c \\ e & g \end{vmatrix}$$

$$(4)\quad \begin{vmatrix} a & b & 0 & c \\ d & e & f & g \\ h & i & 0 & j \\ k & l & 0 & m \end{vmatrix} = -f \begin{vmatrix} a & b & c \\ h & i & j \\ k & l & m \end{vmatrix}$$

$$(5)\quad \begin{vmatrix} a & b & c & d \\ e & f & g & h \\ i & 0 & 0 & 0 \\ j & k & l & m \end{vmatrix} = i \begin{vmatrix} b & c & d \\ f & g & h \\ k & l & m \end{vmatrix}$$

シェ　それではいよいよ行列式の計算を実際にやってみましょう.

●例題 4

4 次の行列式

$$\begin{vmatrix} -1 & 1 & 0 & 1 \\ 2 & 5 & -1 & 2 \\ 0 & 1 & 1 & 1 \\ 2 & 3 & -1 & 1 \end{vmatrix}$$

の値を求めよ.

王様　はき出し, と言っても, どこの行または列をはき出せばいいのだ？

シェ　決まっているわけではありません. ただ 0 が多い行 (または列) に注目するのは 1 つの考え方です. いずれにしても, 行列式の計算法は一通りではないのです.
　　行列式の第 1 行を r_1, 第 2 行を r_2, …, 行列式の第 1 列を c_1, 第 2 列を c_2, …と表すことにいたします.
　　たとえば,「第 1 行に, 第 2 行を 3 倍して加える」ことを

$$r_1 + 3r_2$$

という記号で表し,「第 2 列から, 第 1 列を 2 倍して引く」ことを

$$c_2 - 2c_1$$

という記号で表すことにいたします．

問題の 4 次の行列式は，たとえば

$$\begin{vmatrix} -1 & 1 & 0 & 1 \\ 2 & 5 & -1 & 2 \\ 0 & 1 & 1 & 1 \\ 2 & 3 & -1 & 1 \end{vmatrix} \underset{\substack{c_2+c_1 \\ c_4+c_1}}{=} \begin{vmatrix} -1 & 0 & 0 & 0 \\ 2 & 7 & -1 & 4 \\ 0 & 1 & 1 & 1 \\ 2 & 5 & -1 & 3 \end{vmatrix}$$

となって，第 1 行が 1 つの数を除いてすべて 0 になりますから，第 1 行で展開すると，

$$= (-1) \begin{vmatrix} 7 & -1 & 4 \\ 1 & 1 & 1 \\ 5 & -1 & 3 \end{vmatrix} = - \begin{vmatrix} 7 & -1 & 4 \\ 1 & 1 & 1 \\ 5 & -1 & 3 \end{vmatrix}$$

さらに，

$$\underset{\substack{r_2+r_1 \\ r_3-r_1}}{=} - \begin{vmatrix} 7 & -1 & 4 \\ 8 & 0 & 5 \\ -2 & 0 & -1 \end{vmatrix}$$

第 2 列で展開して，

$$= -(-1)(-1) \begin{vmatrix} 8 & 5 \\ -2 & -1 \end{vmatrix}$$

$$= - \begin{vmatrix} 8 & 5 \\ -2 & -1 \end{vmatrix}$$

$$= -(-8 + 10)$$

$$= -2$$

と求まります．

検算の意味もこめて，同じ問題を別の解き方で解いてみましょう．

$$\begin{vmatrix} -1 & 1 & 0 & 1 \\ 2 & 5 & -1 & 2 \\ 0 & 1 & 1 & 1 \\ 2 & 3 & -1 & 1 \end{vmatrix} \underset{\substack{r_2-2r_1 \\ r_3-r_1 \\ r_4-r_1}}{=} \begin{vmatrix} -1 & 1 & 0 & 1 \\ 4 & 3 & -1 & 0 \\ 1 & 0 & 1 & 0 \\ 3 & 2 & -1 & 0 \end{vmatrix}$$

第 4 列で展開して，

$$= - \begin{vmatrix} 4 & 3 & -1 \\ 1 & 0 & 1 \\ 3 & 2 & -1 \end{vmatrix}$$

$$\underset{c_1-c_3}{=} - \begin{vmatrix} 5 & 3 & -1 \\ 0 & 0 & 1 \\ 4 & 2 & -1 \end{vmatrix}$$

第 2 行で展開,

$$= \begin{vmatrix} 5 & 3 \\ 4 & 2 \end{vmatrix}$$
$$= 10 - 12$$
$$= -2.$$

●例題 4 の答

-2

王様　何となくわかったような気がするぞ.

シェ　はき出しと展開が基本ですが,補助的手段として次の性質もよく使われます.

行列式のある行 (または列) に共通因子があるときは,それを行列式の外にくくり出すことができる.

シェ　たとえば,

$$\begin{vmatrix} ka & kb & kc \\ d & e & f \\ g & h & i \end{vmatrix} = k \begin{vmatrix} a & b & c \\ d & e & f \\ g & h & i \end{vmatrix},$$

$$\begin{vmatrix} a & kb & c \\ d & ke & f \\ g & kh & i \end{vmatrix} = k \begin{vmatrix} a & b & c \\ d & e & f \\ g & h & i \end{vmatrix}.$$

もうすこし例題をやってみましょう.

●例題 5

次の行列式の値を求めよ.

$$\begin{vmatrix} 7 & 11 & 15 \\ 8 & 4 & 10 \\ 3 & 9 & 15 \end{vmatrix}$$

● 例題 5 の答

$$\begin{vmatrix} 7 & 11 & 15 \\ 8 & 4 & 10 \\ 3 & 9 & 15 \end{vmatrix} = 2 \times 3 \times \begin{vmatrix} 7 & 11 & 15 \\ 4 & 2 & 5 \\ 1 & 3 & 5 \end{vmatrix}$$

$$= 2 \times 3 \times 5 \times \begin{vmatrix} 7 & 11 & 3 \\ 4 & 2 & 1 \\ 1 & 3 & 1 \end{vmatrix}$$

$$\underset{\substack{r_1 - 3r_3 \\ r_2 - r_3}}{=} 30 \begin{vmatrix} 4 & 2 & 0 \\ 3 & -1 & 0 \\ 1 & 3 & 1 \end{vmatrix}$$

$$= 30 \times 1 \times \begin{vmatrix} 4 & 2 \\ 3 & -1 \end{vmatrix}$$

$$= 30 \times 2 \times \begin{vmatrix} 2 & 1 \\ 3 & -1 \end{vmatrix}$$

$$= 60 \times (-2 - 3)$$

$$= -300.$$

● 例題 6

行列式の値を求めよ．

$$\begin{vmatrix} 2 & 0 & 0 & 5 \\ 0 & 8 & 1 & 8 \\ 1 & 1 & 3 & 0 \\ 1 & 2 & 1 & 5 \end{vmatrix}$$

王様　今度はワシがやってみよう．0 が多いのは第 1 行だが，分数計算はいや

だなあ．第3行を使って，第1列をはき出すことにしよう．

$$\begin{vmatrix} 2 & 0 & 0 & 5 \\ 0 & 8 & 1 & 8 \\ 1 & 1 & 3 & 0 \\ 1 & 2 & 1 & 5 \end{vmatrix} \underset{\substack{r_1-2r_3 \\ r_4-r_3}}{=} \begin{vmatrix} 0 & -2 & -6 & 5 \\ 0 & 8 & 1 & 8 \\ 1 & 1 & 3 & 0 \\ 0 & 1 & -2 & 5 \end{vmatrix}$$

$$= (-1)^{3+1} \times 1 \times \begin{vmatrix} -2 & -6 & 5 \\ 8 & 1 & 8 \\ 1 & -2 & 5 \end{vmatrix}$$

$$= \begin{vmatrix} -2 & -6 & 5 \\ 8 & 1 & 8 \\ 1 & -2 & 5 \end{vmatrix}$$

$$\underset{\substack{c_2+2c_1 \\ c_3-5c_1}}{=} \begin{vmatrix} -2 & -10 & 15 \\ 8 & 17 & -32 \\ 1 & 0 & 0 \end{vmatrix}$$

$$= (-1)^{3+1} \times 1 \times \begin{vmatrix} -10 & 15 \\ 17 & -32 \end{vmatrix}$$

$$= \begin{vmatrix} -10 & 15 \\ 17 & -32 \end{vmatrix}$$

$$= 5 \begin{vmatrix} -2 & 3 \\ 17 & -32 \end{vmatrix}$$

$$= 5 \times (64 - 51)$$

$$= 5 \times 13$$

$$= 65.$$

答は65になったぞ．

シェ　お見事でございます．

王様　やったー！　問題が解けた．どんなもんだい！

シェ　今のはギャグでございますか？

●例題6の答

65

シェ　王様，宿題をお出ししておきますので，明晩までにお解き下さいませ．

●宿題 1

行列式の値を求めよ．

(1) $\begin{vmatrix} 1 & 1 & 1 \\ 1 & 1 & 2 \\ 1 & 2 & 2 \end{vmatrix}$
(2) $\begin{vmatrix} 0 & 8 & 4 \\ 5 & 9 & 6 \\ 1 & 1 & 7 \end{vmatrix}$

(3) $\begin{vmatrix} 2 & 2 & 2 & 2 \\ 2 & 2 & 2 & 1 \\ 2 & 2 & 1 & 1 \\ 2 & 1 & 1 & 1 \end{vmatrix}$
(4) $\begin{vmatrix} 1 & 1 & 2 & 3 \\ 1 & 2 & 3 & 1 \\ 2 & 3 & 1 & 1 \\ 3 & 1 & 1 & 2 \end{vmatrix}$

● 第二夜

行列式の定義

●宿題1の答

（1） -1　　（2） -248　　（3） 2　　（4） 35

王様　宿題は気合いを入れてやったのに，プラスとマイナスをまちがえてしまった．あとちょっとで全問正解だったのに悔しいなあ．

シェ　線形代数の計算は中学生でもできそうですが，実際は大学生でも「計算ちがいの嵐」になります．とくに符号のまちがいは大変に多いのです．微積とちがって計算をまちがえてもなかなか気付かないので，1つ1つの計算を慎重になさることと，検算が可能であれば「計算ちがいがあるかもしれない」という前提でチェックされることが大切です．

王様　めんどくさいなあ．

シェ　慣れてくれば計算ちがいも減ってきますから，ご心配には及びません．

● 順列

シェ　行列式の定義をご説明する準備として，順列のお話をいたします．
　　　1から n までの数 (整数) を1つずつとって横に並べ，カッコ (　　) で

くくったものを，1〜n の**順列**と申します．たとえば，$(1,2,3)$ と $(3,2,1)$ はいずれも 1〜3 の順列です．また，$(2,5,4,1,3)$ は 1〜5 の順列の 1 つです．

同じ数がダブって出てきてはいけません．たとえば $(2,3,4,1,3)$ は 3 がダブっているので順列ではありません．

1 から n までのすべての数が登場しなくてはいけません．たとえば $(5,1,4,2)$ は 3 が抜けているので，1〜5 の順列ではありません．

● 転倒数

シェ　順列が 1 つ与えられたとき，その順列の一番左側にある数を見て，その数より右側にあってなおかつその数より小さいものの個数を数えます．次に左から 2 番目の数を見て，その数より右側にあってその数より小さいものの個数を数えます．以下 3 番目，4 番目，…と同じことをやって，数えた個数をすべて合計したものを，その順列の**転倒数**と申します．

●例題 1

順列 $(2,5,4,1,3)$ の転倒数を求めよ．

王様　これはワシにもできるぞ．一番左にある 2 を見て，それより右にあって 2 より小さいのは 4 番目の 1 だけだから，まずここで 1 個．次の 5 より右にあって 5 より小さいのは $4,1,3$ の 3 個．次の 4 より右にあって 4 より小さいのは $1,3$ の 2 個．あとは該当者なしだから，$1+3+2=6$ で，転倒数は 6 であろう．

シェ　正解でございます．たとえば

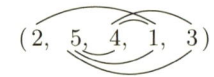

のように線を引いて数えるとよろしいでしょう．

●例題 1 の答

6

● 偶順列と奇順列

シェ　転倒数が偶数である順列を**偶順列**，転倒数が奇数である順列を**奇順列**と申します．たとえば $(1,2,3)$ は転倒数が 0 ですから偶順列 (0 は偶数です)，$(3,2,1)$ は転倒数が 3 ですから奇順列です．

● 行番号と列番号

シェ　2 次の行列式は

$$\begin{vmatrix} a_{11} & a_{12} \\ a_{21} & a_{22} \end{vmatrix}$$

と表すことができ，3 次の行列式は

$$\begin{vmatrix} a_{11} & a_{12} & a_{13} \\ a_{21} & a_{22} & a_{23} \\ a_{31} & a_{32} & a_{33} \end{vmatrix}$$

と表すことができます．ここで a の右下に 2 個の数字がついていますが，左側が**行番号**を，右側が**列番号**を表しています．たとえば a_{12} でしたら，第 1 行と第 2 列の交差するところにあるわけです．

n 次の行列式は

$$\begin{vmatrix} a_{11} & a_{12} & \cdots & a_{1n} \\ a_{21} & a_{22} & \cdots & a_{2n} \\ & & \cdots & \\ a_{n1} & a_{n2} & \cdots & a_{nn} \end{vmatrix}$$

と表すことができます．この場合も a の右下の数字は左側が行番号，右側が列番号を表しています．

● 行列式の値

シェ　行列式の値を，次のように定義いたします．

行列式の値とは，行列式の行を上から順に見て，各行から 1 つずつ，列番号が重ならないように数をとってかけあわせ，列番号のつくる順列が偶順列のときは +，奇順列のときは − の符号をつけ，これらすべてを足しあわせたもののことである．

王様 なんだかよくわからんなあ．
シェ 2 次の行列式と 3 次の行列式で具体的にご説明いたしましょう．

●2 次の行列式
シェ 2 次の行列式

$$\begin{vmatrix} a & b \\ c & d \end{vmatrix}$$

において，第 1 行 (a,b) と第 2 行 (c,d) から 1 つずつ，列番号が重ならないようにとってかけあわせると，

$$ad, \quad bc$$

の 2 個が出てきます．列番号は a と c が 1，b と d が 2 ですから，列番号のつくる順列は ad が $(1,2)$，bc が $(2,1)$ となります．$(1,2)$ は偶順列なので +，$(2,1)$ は奇順列なので − の符号をつけて足し合わせると，

$$\begin{vmatrix} a & b \\ c & d \end{vmatrix} = ad - bc.$$

昨晩お話しした通りです．

●3 次の行列式
シェ 3 次の行列式

$$\begin{vmatrix} a & b & c \\ d & e & f \\ g & h & i \end{vmatrix}$$

において，各行から 1 つずつ，列番号が重ならないようにとってかけあわせると，

$$aei, \quad afh, \quad bfg, \quad bdi, \quad cdh, \quad ceg$$

の 6 個が出てきます．列番号のつくる順列は，それぞれ

$$(1,2,3), \quad (1,3,2), \quad (2,3,1), \quad (2,1,3), \quad (3,1,2), \quad (3,2,1)$$

となります．転倒数を数えますと，それぞれ

$$0, \quad 1, \quad 2, \quad 1, \quad 2, \quad 3$$

となりますから，$1, 3, 5$ 番目が偶順列，$2, 4, 6$ 番目が奇順列です．偶順列のところに $+$，奇順列のところに $-$ の符号をつけて足しあわせますと，

$$\begin{vmatrix} a & b & c \\ d & e & f \\ g & h & i \end{vmatrix} = aei - afh + bfg - bdi + cdh - ceg$$

となります．

王様 なるほど．これが 3 次の行列式の定義ということになるわけか．6 個も項が出てきてずいぶん複雑だな．2 次の行列式とは大ちがいだ．

シェ ちなみに 4 次の行列式の定義式では 24 個の項が出てまいります．
ところで，上に書きました 3 次の行列式の定義式ですが，計算しやすい形に書き直してみましょう．

● サラスの展開

シェ 右辺を少し書きかえます．和と積の順序を一部かえただけです．

$$\begin{vmatrix} a & b & c \\ d & e & f \\ g & h & i \end{vmatrix} = aei + bfg + chd - (gec + hfa + ibd).$$

右辺の計算を，次のように考えます．

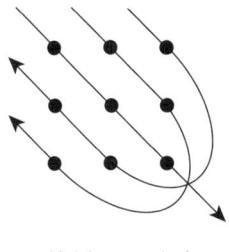
（右まわりにかける）

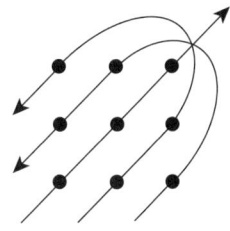
（左まわりにかける）

すなわち，3次の行列式の計算法を次のように言い表すことができるのです．

3次の行列式の値は，右まわりにかけて加えたものから，左まわりにかけて加えたものを引くことで得られる．

シェ　この計算法を**サラスの展開**，または**たすきがけ**と申します．
王様　これならおぼえられそうだ．
シェ　1つ注意点がございます．

サラスの展開は，4次の行列式には使えない．それ以上の次数の行列式にも使えない．

シェ　まちがえる方が本当によくいらっしゃいます．サラスの展開は3次の行列式にしか使えません．4次や5次の行列式の計算には使えませんので，くれぐれもご注意下さいませ．

●例題2

サラスの展開を用いて，行列式

$$\begin{vmatrix} 1 & 2 & 3 \\ 4 & 5 & 6 \\ 7 & 8 & 10 \end{vmatrix}$$

の値を求めよ．

王様　よし，やってみよう．右まわりにかけて加えると，

$$1 \times 5 \times 10 + 2 \times 6 \times 7 + 3 \times 8 \times 4$$
$$= 50 + 84 + 96$$
$$= 230.$$

左まわりにかけて加えると，

$$7 \times 5 \times 3 + 8 \times 6 \times 1 + 10 \times 2 \times 4$$
$$= 105 + 48 + 80$$
$$= 233.$$

引き算して,答は -3 だな?

シェ　お見事でございます.

●例題 2 の答

-3

シェ　王様,きょうはギャグが出ませんが,お疲れでございますか?

王様　行列式の定義は抽象的な話で頭がクラクラしてどっと疲れたぞ.抽象はキライだ.

シェ　それはそれはごちゅうしょうさま.

王様　お前がギャグを言ってどうする!

● 宿題 2

サラスの展開により行列式の値を求めよ．

(1) $\begin{vmatrix} 1 & 1 & 3 \\ 2 & 1 & 1 \\ 0 & 1 & 1 \end{vmatrix}$
(2) $\begin{vmatrix} 2 & 1 & 5 \\ 3 & -2 & 4 \\ -1 & 0 & -3 \end{vmatrix}$

(3) $\begin{vmatrix} 2 & 3 & -3 \\ -2 & -2 & 5 \\ 4 & 2 & -7 \end{vmatrix}$
(4) $\begin{vmatrix} -1 & 1 & -2 \\ 1 & -1 & 1 \\ -1 & 2 & 2 \end{vmatrix}$

(5) $\begin{vmatrix} 2 & 3 & 5 \\ 1 & -2 & -3 \\ 5 & 4 & 4 \end{vmatrix}$

● 第三夜

余因子展開

●宿題 2 の答

(1) 4　　(2) 7　　(3) 14　　(4) −1　　(5) 21

王様　やったー！　全問正解だ！　サラスは使えるな．
シェ　お気に入りましたか？
王様　月の法善寺横町だ．
シェ　は？
王様　♪包丁一本サラスに巻いてー♪
シェ　…
王様　ちょっと古いかなあ．

● 余因子

シェ　行列式の重要な性質の1つに余因子展開とよばれるものがあります．
　　まず余因子とは何かをご説明いたします．
　　行列式の中に出てくる数 a に対して，a を通る行と列をもとの行列式から取り去ってできる (次数の 1 つ小さな) 行列式に，a のある場所の行番

号と列番号を足したものが偶数なら $+$, 奇数なら $-$ の符号をつけたものを, a の**余因子**といい, 簡単に $\tilde{a}$ で表します. たとえば3次の行列式

$$\begin{vmatrix} a & b & c \\ d & e & f \\ g & h & i \end{vmatrix}$$

において,

$$\tilde{a} = \begin{vmatrix} e & f \\ h & i \end{vmatrix}, \quad \tilde{b} = -\begin{vmatrix} d & f \\ g & i \end{vmatrix},$$

$$\tilde{e} = \begin{vmatrix} a & c \\ g & i \end{vmatrix}, \quad \tilde{f} = -\begin{vmatrix} a & b \\ g & h \end{vmatrix}$$

などとなります.

王様 ちょっと待てよ. 同じ数がいくつも出てきたらどうするのだ?

シェ 王様, すばらしいご質問です. たしかにたとえば

$$\begin{vmatrix} 2 & 1 & 1 \\ 1 & -1 & 1 \\ 1 & 1 & 3 \end{vmatrix}$$

という行列式で「1の余因子」と言っても, どこにある1を表すのかわかりません. そういう場合は, たとえば「1行2列の1の余因子」というふうに, 行番号列番号を明示して区別します. 前後の文脈から考えて誤解がおこりそうもない時は, 単に「a の余因子」というのが便利でございます.

● 余因子展開

シェ 行列式の余因子展開には, 行による展開と列による展開の2種類がございます.

 (行による展開) 行列式の値は, 1つの行に並んだ数をそれらの余因子にかけて足しあわせたものに等しい.

 (列による展開) 行列式の値は, 1つの列に並んだ数をそれらの余因子にかけて足しあわせたものに等しい.

シェ　たとえば3次の行列式
$$\begin{vmatrix} a & b & c \\ d & e & f \\ g & h & i \end{vmatrix}$$
を第1行で展開すると，
$$\begin{vmatrix} a & b & c \\ d & e & f \\ g & h & i \end{vmatrix} = a\tilde{a} + b\tilde{b} + c\tilde{c}$$
$$= a\begin{vmatrix} e & f \\ h & i \end{vmatrix} - b\begin{vmatrix} d & f \\ g & i \end{vmatrix} + c\begin{vmatrix} d & e \\ g & h \end{vmatrix}$$
となります．また，同じ行列式を第2列で展開すると，
$$\begin{vmatrix} a & b & c \\ d & e & f \\ g & h & i \end{vmatrix} = b\tilde{b} + e\tilde{e} + h\tilde{h}$$
$$= -b\begin{vmatrix} d & f \\ g & i \end{vmatrix} + e\begin{vmatrix} a & c \\ g & i \end{vmatrix} - h\begin{vmatrix} a & c \\ d & f \end{vmatrix}$$
となります．

王様　+ と − がややこしいなあ．

シェ　左上 (1行1列) が + で，あとは1つ移動するごとに + と − が入れかわる，とおぼえて下さいませ．

$$\begin{matrix} + & - & + & - \\ - & + & - & + \\ + & - & + & - \\ - & + & - & + \end{matrix}$$

慣れてくればそんなに苦にはならないと思います．

●例題1

第1行で余因子展開することにより，4次の行列式
$$\begin{vmatrix} 4 & 3 & 0 & 0 \\ 3 & 2 & 2 & 2 \\ 2 & 5 & 3 & 2 \\ 2 & 5 & 2 & 3 \end{vmatrix}$$

の値を求めよ．

●例題 1 の答

0 に余因子をかけても 0 だから，

$$\begin{vmatrix} 4 & 3 & 0 & 0 \\ 3 & 2 & 2 & 2 \\ 2 & 5 & 3 & 2 \\ 2 & 5 & 2 & 3 \end{vmatrix} = 4\begin{vmatrix} 2 & 2 & 2 \\ 5 & 3 & 2 \\ 5 & 2 & 3 \end{vmatrix} - 3\begin{vmatrix} 3 & 2 & 2 \\ 2 & 3 & 2 \\ 2 & 2 & 3 \end{vmatrix}$$

$$= 4\{18 + 20 + 20 - (30 + 8 + 30)\}$$
$$\quad - 3\{27 + 8 + 8 - (12 + 12 + 12)\}$$
$$= 4(58 - 68) - 3(43 - 36) = -40 - 21$$
$$= -61.$$

3 次の行列式はサラスの展開で計算した．

シェ 第一夜でお話しした「はき出しと展開によって行列式の次数を下げていく」という計算の基本をもう一度思い出して下さいませ．そこで「展開」と申し上げたのはじつは余因子展開のことだったのでございます．

王様 しかし，はき出しをやらなくても余因子展開をくり返していけば行列式の計算ができるのではないか？

シェ その通りでございます．でも次数の高い行列式を余因子展開で計算しようとすると，通常は計算の量がものすごく増えてしまいます．ですからやはり，はき出しのあと展開して行列式の次数を下げる，ということが計算の基本であることに変わりはありません．もちろんいつでもそれがベストということではなく，情況に応じていろいろな計算法をご自分で工夫されることが大切です．行列式の計算は「計算ちがい」のミスが多いので，同じ行列式を二通りの方法で計算して答が一致していることを確かめる，ということもよく行われます．

● 行列式の性質

シェ　行列式の性質を少しまとめておきましょう．

　1. 行列式のある行に，他のある行を何倍かしたものを加えても (あるいは引いても)，行列式の値は変わらない．

　2. 行列式のある列に，他のある列を何倍かしたものを加えても (あるいは引いても)，行列式の値は変わらない．

　3. 行列式のある行 (または列) に共通因子があるときは，それを行列式の外にくくり出すことができる．

　4. 行列式の 2 つの行 (または 2 つの列) をそっくり入れかえると，行列式の値は (-1) 倍される．

　5. 行列式のある行 (または列) の数がすべて 0 であるとき，その行列式の値は 0 である．

シェ　これらの性質の中で 4 と 5 は初登場ですので，簡単な例をあげておきます．

$$\begin{vmatrix} d & e & f \\ a & b & c \\ g & h & i \end{vmatrix} = -\begin{vmatrix} a & b & c \\ d & e & f \\ g & h & i \end{vmatrix},$$

$$\begin{vmatrix} c & b & a \\ f & e & d \\ i & h & g \end{vmatrix} = -\begin{vmatrix} a & b & c \\ d & e & f \\ g & h & i \end{vmatrix},$$

$$\begin{vmatrix} a & b & c \\ 0 & 0 & 0 \\ g & h & i \end{vmatrix} = 0,$$

$$\begin{vmatrix} a & b & 0 \\ d & e & 0 \\ g & h & 0 \end{vmatrix} = 0.$$

●宿題 3

(1) 第1行で余因子展開して, 行列式
$$\begin{vmatrix} 7 & 0 & 0 & 2 \\ 2 & 2 & 2 & 3 \\ 2 & 2 & 3 & 3 \\ 2 & 3 & 3 & 3 \end{vmatrix}$$
の値を求めよ.

(2) 第3列で余因子展開して, 行列式
$$\begin{vmatrix} -2 & 3 & 0 & -2 \\ 2 & 3 & 2 & 3 \\ -3 & -2 & 0 & 2 \\ 3 & 3 & 3 & 2 \end{vmatrix}$$
の値を求めよ.

● 第四夜

文字をふくむ行列式の計算

●宿題 3 の答

（1） −17　　（2） 95

王様　いやあ，宿題をやったらおなかがしゅくだい！

シェ　お疲れでございますか？

王様　行列式の計算は中学生でもできそうにみえるが，一箇所でも計算ミスがあったらアウト，というのは正直言ってかなりきつい．それに計算ミスをやっても微積のように直観的に「おかしい」と気付きにくいのも困る．

シェ　計算結果が出たらそれで終わり，あとは何もしないで答を見る，という方が多いのではないでしょうか．少くとも計算のチェックをする．できれば別のやり方で計算して答が一致することを確かめる．そうやって行列式の計算に慣れていくと，自然にミスも減ってまいります．

● 文字をふくむ行列式

シェ　たとえば

$$\begin{vmatrix} 3-x & 1 & 1 \\ 2 & -1-x & 1 \\ 2 & -2 & 2-x \end{vmatrix}$$

のように，行列式の中に文字が出てくる場合がございます．ただ計算するだけでなく，「因数分解せよ」という要求が付く場合が多いのです．

王様 うわー，むずかしそう！

シェ こうすればできる，という便利なマニュアルは無いので，ケースバイケースで考えるしかないのですが，行列式をすこし変形してある行 (またはある列) から共通因子をくくり出すようにするとうまく行く場合が多いのです．上の例でご説明しましょう．

●例題 1

行列式を計算せよ．因数分解した形で求めよ．

$$\begin{vmatrix} 3-x & 1 & 1 \\ 2 & -1-x & 1 \\ 2 & -2 & 2-x \end{vmatrix}$$

王様 3 次の行列式だから，サラスの展開で計算してから因数分解してはダメなのか？

シェ それも 1 つの有力な方法です．ただこの場合，計算すると x の 3 次式になります．3 次式の因数分解は，一般にそう簡単ではありません．

まず行や列を足したり引いたりしてみて，共通因子が出てこないか考えてみましょう．すると $r_2 - r_3$ (第 2 行から第 3 行を引く) によって第 2 行から $(1-x)$ をくくり出せることがわかります．

$$\begin{vmatrix} 3-x & 1 & 1 \\ 2 & -1-x & 1 \\ 2 & -2 & 2-x \end{vmatrix}$$
$$\underset{r_2 - r_3}{=} \begin{vmatrix} 3-x & 1 & 1 \\ 0 & 1-x & -1+x \\ 2 & -2 & 2-x \end{vmatrix} = (1-x) \begin{vmatrix} 3-x & 1 & 1 \\ 0 & 1 & -1 \\ 2 & -2 & 2-x \end{vmatrix}$$

続いて c_3+c_2 (第 3 列に第 2 列を加える) として第 2 行で展開しますと,

$$\underset{c_3+c_2}{=}(1-x)\begin{vmatrix} 3-x & 1 & 2 \\ 0 & 1 & 0 \\ 2 & -2 & -x \end{vmatrix} = (1-x)\begin{vmatrix} 3-x & 2 \\ 2 & -x \end{vmatrix}$$

$$=(1-x)(x^2-3x-4)=-(x-1)(x+1)(x-4)$$

となって因数分解できました.

●例題 1 の答

$-(x+1)(x-1)(x-4)$

王様　第 2 行から第 3 行を引けばうまくいく, というのはどうしてわかったのだ？

シェ　いろいろやってみたらたまたまうまくいった, ということでございます.

王様　やってみなくちゃわからん, ということか. まるでギャンブルだな.

シェ　そこが面白いところでもあるのです. 無駄な努力に終わってしまうかもしれない反面, うまくいったときは「やった」という快感を味わうことができます. いちいち考えるのがめんどくさいという方は, 王様がおっしゃったようにまずサラスの展開で計算してから因数分解する方法もあります. ただこれもそう楽ではありません.

● 行和が等しい場合

シェ　行列式の各行 (第 1 行, 第 2 行, …) に並んだ数を足しあわせると, それがどの行でも同じになる, というケースがあります. この場合は, たとえば第 1 列に他の列を次々に加えることにより, 共通因子をくくり出すことができるのです.

●例題 2

行列式を計算せよ. 因数分解した形で求めよ.

$$\begin{vmatrix} a & b & b \\ b & a & b \\ b & b & a \end{vmatrix}$$

シェ 各行を足しあわせると，

$$a + b + b = a + 2b,$$
$$b + a + b = a + 2b,$$
$$b + b + a = a + 2b$$

となって，どの行でも同じになります．そこで第 1 列に第 2 列と第 3 列を加えると，

$$\begin{vmatrix} a & b & b \\ b & a & b \\ b & b & a \end{vmatrix} \underset{\substack{c_1+c_2 \\ c_1+c_3}}{=} \begin{vmatrix} a+2b & b & b \\ a+2b & a & b \\ a+2b & b & a \end{vmatrix}$$

となって第 1 列に $a+2b$ が並びますから，これをくくり出して，

$$= (a+2b) \begin{vmatrix} 1 & b & b \\ 1 & a & b \\ 1 & b & a \end{vmatrix}$$

王様 あとはワシがやろう．第 1 列ではき出しをやってから展開すると，

$$\underset{\substack{r_2-r_1 \\ r_3-r_1}}{=} (a+2b) \begin{vmatrix} 1 & b & b \\ 0 & a-b & 0 \\ 0 & 0 & a-b \end{vmatrix}$$

$$= (a+2b) \begin{vmatrix} a-b & 0 \\ 0 & a-b \end{vmatrix}$$

$$= (a+2b)(a-b)^2.$$

●例題 2 の答

$(a+2b)(a-b)^2$

王様 サラスの展開でやるとどうなるのか，やってみよう．

$$\begin{vmatrix} a & b & b \\ b & a & b \\ b & b & a \end{vmatrix} = a^3 + b^3 + b^3 - (ab^2 + ab^2 + ab^2)$$

$$= a^3 + 2b^3 - 3ab^2.$$

思ったよりきれいな形になるなあ．

シェ　因数分解はどうなさいます？

王様　うーん．文字が2つあるからやりにくい．文字が2つでモジモジしちゃうよ．

●宿題4

行列式を計算せよ．因数分解した形で求めよ．

(1) $\begin{vmatrix} a & a^2 & a^3 \\ b & b^2 & b^3 \\ c & c^2 & c^3 \end{vmatrix}$ 　　(2) $\begin{vmatrix} a & a & a & b \\ a & a & b & a \\ a & b & a & a \\ b & a & a & a \end{vmatrix}$

●第五夜

ベクトル

●宿題 4 の答

(1)　$abc(a-b)(b-c)(c-a)$　　(2)　$-(a-b)^3(3a+b)$

シェ　宿題の (1) は，まず第 1 行から a，第 2 行から b，第 3 行から c を，それぞれくくり出します．次に第 2 行から第 1 行を引き，第 3 行から第 1 行を引いて，第 1 列で展開すると，2 次の行列式の第 1 行から $(b-a)$ を，第 2 行から $(c-a)$ をくくり出せます．なぜなら，
$$b^2 - a^2 = (b-a)(b+a),$$
$$c^2 - a^2 = (c-a)(c+a)$$
となるからです．

宿題の (2) は，第 1 列に他の列をすべて加えて $(3a+b)$ をくくり出し，第 2 行，第 3 行，第 4 行からそれぞれ第 1 行を引いて，第 1 列で展開すればOKです．

●ベクトル

シェ　王様，きょうはベクトルのお話をいたします．

王様　弁当を食べているところだな．

シェ　は？

王様　弁当食うとる．略して「べ，くうとる」だ！

シェ　寒気がしてまいりました．

●定義

シェ　たとえば 5 つの等式

$$a = 1$$
$$b = 3$$
$$c = 7$$
$$d = 1$$
$$e = 4$$

があるとき，これを 1 つにまとめて

$$\begin{pmatrix} a \\ b \\ c \\ d \\ e \end{pmatrix} = \begin{pmatrix} 1 \\ 3 \\ 7 \\ 1 \\ 4 \end{pmatrix}$$

という記号で表してみましょう．5 個もあった等号 (=) を 1 個に節約することができました．

この式の両辺のように，いくつかの数をタテに並べてカッコ (　　) で囲んだものを**ベクトル**といいます．たとえば，

$$\begin{pmatrix} \frac{1}{2} \\ 2 \\ -1 \end{pmatrix}, \quad \begin{pmatrix} 0 \\ 0 \\ 0 \end{pmatrix}, \quad \begin{pmatrix} \sqrt{2} \\ \sqrt{2} \\ \pi \end{pmatrix}$$

などはみなベクトルです．

● ベクトルの次数

シェ $\begin{pmatrix} a \\ b \end{pmatrix}$, $\begin{pmatrix} a \\ b \\ c \end{pmatrix}$, $\begin{pmatrix} a \\ b \\ c \\ d \end{pmatrix}$ という形のベクトルをそれぞれ，2次のベクトル，3次のベクトル，4次のベクトルと言います．また，2, 3, 4 を，それぞれのベクトルの**次数**と申します．たとえば，ベクトル

$$\begin{pmatrix} 0 \\ 0 \\ 0 \end{pmatrix}$$

の次数は 3 です (中に入っている数は 1 個だけですが)．
5 次のベクトル，6 次のベクトル，…も同様に定義されます．

● 成分

シェ ベクトルの中に並んでいる数を上から順に**第 1 成分**，**第 2 成分**，…と申します．たとえば

$$\begin{pmatrix} -1 \\ -1 \\ 7 \end{pmatrix}$$

というベクトルの第 1 成分は -1，第 2 成分は -1，第 3 成分は 7 です．

王様 成分というとビタミンやミネラルみたいだな．

シェ そういう意味ではないのですが，この言葉はよく登場しますのでご記憶下さいませ．

● 等しいベクトル

シェ 2 つのベクトルが等しい，ということを次のように定義いたします．

2 つのベクトルが**等**しいとは，次数が同じで，対応する成分どうしがすべて等しいことである．

シェ たとえば

$$\begin{pmatrix} 1 \\ 1 \end{pmatrix} \quad \text{と} \quad \begin{pmatrix} 1 \\ 1 \\ 1 \end{pmatrix}$$

では，次数が 2 と 3 で一致しないので等しくありません．また

$$\begin{pmatrix} 1 \\ 1 \\ 2 \\ 3 \end{pmatrix} \quad \text{と} \quad \begin{pmatrix} 1 \\ 1 \\ 3 \\ 2 \end{pmatrix}$$

では，次数は両方とも 4 で一致し，第 1 成分と第 2 成分も等しいのですが，第 3 成分が 2 と 3 で異なっているので，やはり等しいベクトルではありません．

ベクトルをアルファベットの太文字

$$\boldsymbol{a},\ \boldsymbol{b},\ \boldsymbol{c},\ \cdots$$

を使って表すことにします．

2 つのベクトル $\boldsymbol{a}$ と $\boldsymbol{b}$ が等しいことを，

$$\boldsymbol{a} = \boldsymbol{b}$$

という記号で表します．これは数本の等式をベクトルを使って一本の等式で表したものと考えることができます．

●例題 1

2 つのベクトル $\boldsymbol{a}, \boldsymbol{b}$ を次のように定める．

$$\boldsymbol{a} = \begin{pmatrix} a+1 \\ b-1 \\ c-5 \end{pmatrix}, \quad \boldsymbol{b} = \begin{pmatrix} b \\ c \\ -a \end{pmatrix}.$$

このとき，$\boldsymbol{a} = \boldsymbol{b}$ が成り立つような a, b, c の値を求めよ．

シェ　2 つのベクトル $\boldsymbol{a}$ と $\boldsymbol{b}$ が等しいということは，対応する成分どうしがすべて等しいことを意味しますから，

$$\boldsymbol{a} \text{の第 1 成分} = \boldsymbol{b} \text{の第 1 成分},$$

$$\boldsymbol{a} \text{の第 2 成分} = \boldsymbol{b} \text{の第 2 成分},$$

$$\boldsymbol{a} \text{ の第 3 成分} = \boldsymbol{b} \text{ の第 3 成分}$$

という 3 つの条件がすべて成り立つことを主張しています．すなわち，

$$a + 1 = b,$$
$$b - 1 = c,$$
$$c - 5 = -a$$

という 3 本の式がすべて成り立つような a, b, c の値を求めよ，という問題を解けばよいわけです．第 1 式と第 2 式から

$$c = a$$

となるので，第 3 式に代入して，

$$a - 5 = -a$$

から

$$a = \frac{5}{2}$$

となり，

$$b = a + 1 = \frac{7}{2}, \quad c = a = \frac{5}{2}$$

となって，a, b, c の値が求められます．

●例題 1 の答
$a = \dfrac{5}{2}, \quad b = \dfrac{7}{2}, \quad c = \dfrac{5}{2}.$

王様 a, b, c を未知数と考えて連立方程式を解いたわけだな．

◉ベクトルの和

シェ 次数が同じベクトルは，足したり引いたりすることができます．

 同じ次数の 2 つのベクトルを**加える**とは，対応する成分どうしを加えることである．

シェ たとえば

$$\begin{pmatrix} a \\ b \\ c \end{pmatrix} + \begin{pmatrix} d \\ e \\ f \end{pmatrix} = \begin{pmatrix} a+d \\ b+e \\ c+f \end{pmatrix}$$

となります.

ベクトルの差も同様に定義されます.すなわち,

$$\begin{pmatrix} a \\ b \\ c \end{pmatrix} - \begin{pmatrix} d \\ e \\ f \end{pmatrix} = \begin{pmatrix} a-d \\ b-e \\ c-f \end{pmatrix}$$

となるわけです.

王様 次数がちがうベクトルを足すことはできないのか?

シェ できません.というか,定義されません.

●スカラー倍

シェ 「ベクトルではありませんよ」という意味をこめて,線形代数では「数」のことを**スカラー**と申します.

王様 豆腐をしぼったヤツだな.

シェ それは「おから」でございます!

ベクトルにスカラーを**かける** (スカラー倍) ということは,ベクトルのすべての成分にそのスカラーをかけることである.

シェ ですから,

$$k \begin{pmatrix} a \\ b \\ c \end{pmatrix} = \begin{pmatrix} ka \\ kb \\ kc \end{pmatrix}$$

となるわけでございます.

ベクトル a の (-1) 倍,すなわち $(-1)a$ を $-a$ で表します.たとえば

$$-\begin{pmatrix} -1 \\ -1 \\ 3 \end{pmatrix} = \begin{pmatrix} 1 \\ 1 \\ -3 \end{pmatrix}.$$

●例題 2

ベクトル a, b を

$$a = \begin{pmatrix} 1 \\ 2 \\ -2 \end{pmatrix}, \quad b = \begin{pmatrix} -1 \\ -2 \\ 3 \end{pmatrix}$$

と定めるとき,次のベクトルを求めよ.

(1) $3a + 2b$

(2) $-3a - 4b$

シェ (1) は a の 3 倍と b の 2 倍を加えるわけですから,

$$3a + 2b = 3 \begin{pmatrix} 1 \\ 2 \\ -2 \end{pmatrix} + 2 \begin{pmatrix} -1 \\ -2 \\ 3 \end{pmatrix}$$

$$= \begin{pmatrix} 3 \\ 6 \\ -6 \end{pmatrix} + \begin{pmatrix} -2 \\ -4 \\ 6 \end{pmatrix}$$

$$= \begin{pmatrix} 3 - 2 \\ 6 - 4 \\ -6 + 6 \end{pmatrix}$$

$$= \begin{pmatrix} 1 \\ 2 \\ 0 \end{pmatrix}$$

となります.

(2) ですが,$-3a$ というのは $3a$ の (-1) 倍,すなわち a の (-3) 倍なので,

$$-3a - 4b = (-3) \begin{pmatrix} 1 \\ 2 \\ -2 \end{pmatrix} - 4 \begin{pmatrix} -1 \\ -2 \\ 3 \end{pmatrix}$$

$$= \begin{pmatrix} -3 \\ -6 \\ 6 \end{pmatrix} - \begin{pmatrix} -4 \\ -8 \\ 12 \end{pmatrix}$$

$$= \begin{pmatrix} -3-(-4) \\ -6-(-8) \\ 6-12 \end{pmatrix}$$

$$= \begin{pmatrix} 1 \\ 2 \\ -6 \end{pmatrix}$$

となります.

王様 マイナスが出てくると計算まちがえそうだなあ．単純計算だからとバカにしない方が良さそうだ．

● 例題 2 の答

（1）$\begin{pmatrix} 1 \\ 2 \\ 0 \end{pmatrix}$ （2）$\begin{pmatrix} 1 \\ 2 \\ -6 \end{pmatrix}$

● 内積

シェ 次数が同じ 2 つのベクトルに対して，内積とよばれるスカラーが定義されます．

ベクトル a とベクトル b の内積は

$$\langle a, b \rangle$$

という記号で表されます．

　次数が同じ 2 つのベクトルの**内積**とは，対応する成分どうしをかけて足しあわせたものである．

シェ たとえば 3 次の場合ですと，内積は

$$\left\langle \begin{pmatrix} a \\ b \\ c \end{pmatrix}, \begin{pmatrix} d \\ e \\ f \end{pmatrix} \right\rangle = ad + be + cf$$

と定義されるわけでございます．

王様 次数がちがう2つのベクトルの場合は，内積は定義されないのだな．

シェ その通りでございます．

次に，内積が0であることを直交すると申します．

次数が同じ2つのベクトルの内積が0のとき，これらのベクトルは**直交**するという．

シェ たとえば，2つのベクトル

$$\begin{pmatrix} 1 \\ 2 \\ 3 \end{pmatrix}, \begin{pmatrix} 1 \\ 1 \\ -1 \end{pmatrix}$$

の内積を求めると，

$$\left\langle \begin{pmatrix} 1 \\ 2 \\ 3 \end{pmatrix}, \begin{pmatrix} 1 \\ 1 \\ -1 \end{pmatrix} \right\rangle = 1 \times 1 + 2 \times 1 + 3 \times (-1)$$

$$= 0$$

となりますので，2つのベクトル

$$\begin{pmatrix} 1 \\ 2 \\ 3 \end{pmatrix}, \begin{pmatrix} 1 \\ 1 \\ -1 \end{pmatrix}$$

は直交していることになります．

●例題3

2つのベクトル

$$\begin{pmatrix} 1 \\ -2 \\ a \end{pmatrix}, \begin{pmatrix} -1 \\ -1 \\ a-5 \end{pmatrix}$$

が直交するようなaの値をすべて求めよ．

王様 これはできそうな気がするぞ．まず「直交する」ということは2つのベ

クトルの内積が 0 になるということだから，内積を計算すると，

$$\left\langle \begin{pmatrix} 1 \\ -2 \\ a \end{pmatrix}, \begin{pmatrix} -1 \\ -1 \\ a-5 \end{pmatrix} \right\rangle = 1 \times (-1) + (-2) \times (-1) + a(a-5)$$
$$= -1 + 2 + a^2 - 5a$$
$$= a^2 - 5a + 1.$$

ということは a を未知数として方程式

$$a^2 - 5a + 1 = 0$$

を解けばよいのだな．あれ？　因数分解できない．計算をチェックしたが，まちがってないぞ．

シェ　どうなさいます？

王様　しかたないから 2 次方程式の解の公式を使って，

$$a = \frac{5 \pm \sqrt{25-4}}{2} = \frac{5 \pm \sqrt{21}}{2}.$$

したがって求める a の値は

$$a = \frac{5+\sqrt{21}}{2}, \frac{5-\sqrt{21}}{2}$$

となったぞ．

シェ　お見事でございます！

●例題 3 の答
$a = \dfrac{5+\sqrt{21}}{2}, \dfrac{5-\sqrt{21}}{2}.$

● ノルム

シェ　次はベクトルのノルムとよばれるスカラーを定義いたします．

王様　部屋が無いのだな？

シェ　は？

王様　ノールームだろ？

シェ　いえ，ノールームと伸ばしてはいけません．ノルムです，ノ，ル，ム！

ベクトルの**ノルム**とは，成分を 2 乗して足しあわせ，その平方根をとったものである．

シェ　ただし，ベクトルの成分はみな実数であるものとします．
　　　ベクトル a のノルムを $\|a\|$ という記号で表します．たとえば，
$$\left\| \begin{pmatrix} a \\ b \\ c \end{pmatrix} \right\| = \sqrt{a^2 + b^2 + c^2}$$
となります．

●例題 4

ベクトル $\begin{pmatrix} 2 \\ 1 \end{pmatrix}$ と直交し，かつノルムが $\sqrt{35}$ である 2 次のベクトルをすべて求めよ．

シェ　いかがでございます？　少し難しいでしょうか？
王様　ウーン．とにかくやってみよう．
　　　求めるベクトルを
$$x = \begin{pmatrix} x \\ y \end{pmatrix}$$
とおくと，直交するというのは内積が 0 ということだから，ノルムの条件とあわせて，
$$\left\langle x, \begin{pmatrix} 2 \\ 1 \end{pmatrix} \right\rangle = 0, \quad \|x\| = \sqrt{35}.$$
この 2 つの条件から x を求めればよいのだな．
シェ　その通りでございます．
王様　内積とノルムの定義から，この 2 つの条件を書きかえると，
$$\left\langle x, \begin{pmatrix} 2 \\ 1 \end{pmatrix} \right\rangle = \left\langle \begin{pmatrix} x \\ y \end{pmatrix}, \begin{pmatrix} 2 \\ 1 \end{pmatrix} \right\rangle$$
$$= x \times 2 + y \times 1$$

$$= 2x + y$$
$$= 0,$$
$$\|\boldsymbol{x}\| = \left\|\begin{pmatrix} x \\ y \end{pmatrix}\right\| = \sqrt{x^2 + y^2} = \sqrt{35}.$$

すなわち,
$$\begin{cases} 2x + y = 0 & \cdots ① \\ \sqrt{x^2 + y^2} = \sqrt{35} & \cdots ② \end{cases}$$

①から
$$y = -2x \qquad \cdots ③$$

となるから,②に代入して,
$$\sqrt{x^2 + (-2x)^2} = \sqrt{5x^2} = \sqrt{35}.$$

両辺2乗して
$$5x^2 = 35, \quad x^2 = 7.$$

したがって
$$x = \sqrt{7} \text{ または } -\sqrt{7}.$$

③から,
$$\begin{pmatrix} x \\ y \end{pmatrix} = \begin{pmatrix} \sqrt{7} \\ -2\sqrt{7} \end{pmatrix} \text{ または } \begin{pmatrix} -\sqrt{7} \\ 2\sqrt{7} \end{pmatrix}.$$

この2つのベクトルはともに①,②の2条件をみたすから,この2つが求めるベクトルだ.

シェ　すごい！　お見事！　王様は天才かもしれません．

王様　本当か？

シェ　おせじでございます．

●例題4の答
$$\begin{pmatrix} \sqrt{7} \\ -2\sqrt{7} \end{pmatrix} \text{ と } \begin{pmatrix} -\sqrt{7} \\ 2\sqrt{7} \end{pmatrix}.$$

●宿題 5

(1) 次のベクトル a, b, c に対して，$-3a + 2b - c$ を求めよ．
$$a = \begin{pmatrix} 2 \\ -1 \\ 0 \\ -1 \end{pmatrix}, \quad b = \begin{pmatrix} 1 \\ 0 \\ 6 \\ 1 \end{pmatrix}, \quad c = \begin{pmatrix} -9 \\ -6 \\ 6 \\ 2 \end{pmatrix}.$$

(2) 2つのベクトル
$$\begin{pmatrix} -1 \\ 1 \\ 0 \end{pmatrix}, \quad \begin{pmatrix} 1 \\ 1 \\ 1 \end{pmatrix}$$
の両方に直交し，かつノルムが1である3次のベクトルをすべて求めよ．

● 第六夜

行列

● 宿題 5 の答

(1) $\begin{pmatrix} 5 \\ 9 \\ 6 \\ 3 \end{pmatrix}$ (2) $\dfrac{1}{\sqrt{6}} \begin{pmatrix} 1 \\ 1 \\ -2 \end{pmatrix}$, $\dfrac{1}{\sqrt{6}} \begin{pmatrix} -1 \\ -1 \\ 2 \end{pmatrix}$.

● 行列

シェ　今日は行列のお話をいたします．

王様　東京の新名所ではエレベーターの前にもできるそうだな．

シェ　いえ，その行列とはまったく関係がございません．英語ではマトリックスというのですが，日本語に訳すとき，なぜか「行列」という言葉になりました．おそらく「行」と「列」をくっつけたものだと思われますが，まぎらわしいというか，おもしろい数学用語ができたものでございます．

王様　行列だけにギョーレツなギャグを考えてやろうか．

シェ　いえいえ，ギャグは結構でございます．

●定義

シェ　たとえば，次の6本の等式があるといたします．
$$a=0, \quad b=1, \quad c=3,$$
$$d=7, \quad e=1, \quad f=4.$$
これらを1つにまとめて，
$$\begin{pmatrix} a & b & c \\ d & e & f \end{pmatrix} = \begin{pmatrix} 0 & 1 & 3 \\ 7 & 1 & 4 \end{pmatrix}$$
という記号で表すことができます．6個あった等号 ($=$) を1個に節約することができました．あるいは，
$$\begin{pmatrix} a & b \\ c & d \\ e & f \end{pmatrix} = \begin{pmatrix} 0 & 1 \\ 3 & 7 \\ 1 & 4 \end{pmatrix}, \quad \begin{pmatrix} a & d \\ b & e \\ c & f \end{pmatrix} = \begin{pmatrix} 0 & 7 \\ 1 & 1 \\ 3 & 4 \end{pmatrix}$$
などと書くこともできます．

これらの式の両辺のように，いくつかの数を長方形状または正方形状に並べてカッコ (　) で囲んだものを**行列**と申します．

たとえば
$$\begin{pmatrix} a & b \\ c & d \end{pmatrix}, \quad \begin{pmatrix} a & b & c & d \\ e & f & g & h \end{pmatrix}, \quad \begin{pmatrix} a & b & c \\ d & e & f \\ g & h & i \end{pmatrix}$$
などはいずれも行列です．

行列を A, B, C などの文字 (アルファベットの大文字) で表します．

王様　行列と行列式はよく似ていてまぎらわしいな．

シェ　そうなのでございます．英語では行列が matrix, 行列式が determinant ですのでまったく似ていない名前なのですが，日本語だと名称がそっくり，しかも記号もよく似ていますから，行列と行列式をごっちゃにする方があとを絶ちません．行列と行列式はちがうものなので，くれぐれも混同なさらないよう，ご注意下さいませ．

●行と列

シェ　行列の中でヨコに並んだ数を**行**,タテに並んだ数を**列**と申します.行は上から第1行,第2行,…と数えます.列は左から第1列,第2列,…と数えます(行列式のときと同じです).

たとえば行列
$$A = \begin{pmatrix} a & b & c \\ d & e & f \end{pmatrix}$$

の第1行は (a, b, c),第2行は (d, e, f),また第1列は $\begin{pmatrix} a \\ d \end{pmatrix}$,第2列は $\begin{pmatrix} b \\ e \end{pmatrix}$,第3列は $\begin{pmatrix} c \\ f \end{pmatrix}$ となります.

●例題1

次の行列 A の第3行と第3列はそれぞれ何か.
$$\begin{pmatrix} 1 & 0 & -1 & 1 \\ 2 & 5 & 0 & 2 \\ -1 & -1 & 1 & 0 \end{pmatrix}$$

シェ　行列式のときと同じように,行列の「行」と「列」を逆におぼえてしまう方がよくいらっしゃいます.行はヨコ,列はタテでございます.

●例題1の答

第3行は $(-1, -1, 1, 0)$,第3列は $\begin{pmatrix} -1 \\ 0 \\ 1 \end{pmatrix}$.

●型と成分

シェ　行列

$$A = \begin{pmatrix} a & b & c \\ d & e & f \end{pmatrix}$$

は行の数が 2,列の数が 3 です.そこで,この行列 A は 2×3 型であると申します.

一方,

$$B = \begin{pmatrix} a & b \\ c & d \\ e & f \end{pmatrix}$$

という行列においては,行の数が 3,列の数が 2 です.この行列 B は 3×2 型であると申します.

一般に,行の数が m,列の数が n である行列を $m \times n$ 型であると申します.

王様 2×3 型と 3×2 型はまぎらわしいな.

シェ 左側の数字が行の数,右側が列の数を表しています.

次に,行列の中に並んでいる数のことを,その行列の**成分**と申します.

王様 ベクトルのときと同じだな.

シェ はい.ベクトルのときは第 1 成分,第 2 成分,…と番号をつけましたが,行列の場合はその成分が何行目と何列目にあるか,その位置を示すために 2 重の番号をつけます.左側に行番号,右側に列番号を入れて,(行番号,列番号) という 2 重の番号で表します.行列の $(2,1)$ 成分,$(3,5)$ 成分,という表現で,その成分の位置を示します.

たとえば

$$A = \begin{pmatrix} a & b & c \\ d & e & f \end{pmatrix}$$

としますと,行列 A の $(1,3)$ 成分は c,$(2,2)$ 成分は e となるわけです.

●例題 2

次の行列 A の $(2,3)$ 成分と $(3,1)$ 成分はそれぞれ何か.

$$A = \begin{pmatrix} 5 & 9 & 6 & 3 \\ 1 & 3 & 7 & 1 \\ 0 & 8 & 4 & 3 \end{pmatrix}$$

王様　えーと，$(2,3)$ 成分というのは，行番号が 2 で列番号が 3 だから，上から 2 行目を見て，左から 3 番目だから，7 だな．
　　　$(3,1)$ 成分は第 3 行と第 1 列の交差するところにある数だから，0 だ．

シェ　今は簡単だと思いますが，これが時間がたちますと忘れてしまうのでございます．左側が行番号，右側が列番号でございます．

●例題 2 の答

A の $(2,3)$ 成分は 7，$(3,1)$ 成分は 0．

●等しい行列

シェ　2 つの行列が等しい，ということを次のように定義いたします．

　2 つの行列が**等しい**とは，行列の型が同じで，対応する成分どうしがすべて等しいことである．

シェ　たとえば

$$\begin{pmatrix} 1 & 1 & 1 \\ 1 & 1 & 1 \end{pmatrix}, \quad \begin{pmatrix} 1 & 1 \\ 1 & 1 \\ 1 & 1 \end{pmatrix}$$

という 2 つの行列は，前者が 2×3 型，後者が 3×2 型で，行列の型がちがいますから等しくありません．
　また，

$$A = \begin{pmatrix} 1 & 1 & 1 \\ 1 & 1 & 2 \end{pmatrix}, \quad B = \begin{pmatrix} 1 & 1 & 1 \\ 1 & 2 & 2 \end{pmatrix}$$

とするとき，行列 A も行列 B も 2×3 型で，行列の型は同じですが，両者の $(2,2)$ 成分をくらべると，

$$A \text{ の } (2,2) \text{ 成分} = 1,$$
$$B \text{ の } (2,2) \text{ 成分} = 2$$

となって等しくないので，行列 A と行列 B は等しくありません．

王様 2 つの行列が等しいということは，ずいぶんたくさんの等式が全部成立していることを意味するわけだなあ．

シェ その通りでございます．2 つの行列 A と B が等しいということを，

$$A = B$$

と表します．

● 行列の和

シェ 型が同じ行列は，足したり引いたりすることができます．

　同じ型の 2 つの行列を**加える**とは，対応する成分どうしを加えることである．

シェ たとえば，

$$\begin{pmatrix} a & b \\ c & d \\ e & f \end{pmatrix} + \begin{pmatrix} a' & b' \\ c' & d' \\ e' & f' \end{pmatrix} = \begin{pmatrix} a+a' & b+b' \\ c+c' & d+d' \\ e+e' & f+f' \end{pmatrix}$$

となるわけでございます．

差も同様です．たとえば

$$\begin{pmatrix} a & b \\ c & d \end{pmatrix} - \begin{pmatrix} e & f \\ g & h \end{pmatrix} = \begin{pmatrix} a-e & b-f \\ c-g & d-h \end{pmatrix}.$$

王様 ベクトルのときと同じだな．

シェ その通りでございます．行列の型がちがうときは，和も差も定義されません．

● 行列のスカラー倍

行列にスカラーを**かける** (スカラー倍) ということは，行列のすべての成分にそのスカラーをかけることである．

王様 スカラーって何だっけ？　あ，そうか．「数」のことだったな．
シェ たとえば，
$$k \begin{pmatrix} a & b \\ c & d \\ e & f \end{pmatrix} = \begin{pmatrix} ka & kb \\ kc & kd \\ ke & kf \end{pmatrix}$$
となります．
　行列 A の (-1) 倍，すなわち $(-1)A$ を，$-A$ で表します．たとえば，
$$-\begin{pmatrix} 1 & -2 \\ 2 & 0 \end{pmatrix} = \begin{pmatrix} -1 & 2 \\ -2 & 0 \end{pmatrix}.$$

● 正方行列

シェ 行の数と列の数が同じである行列を正方行列と申します．

$n \times n$ 型の行列を，n 次の**正方行列**という．

シェ 2 次の正方行列は
$$\begin{pmatrix} a_{11} & a_{12} \\ a_{21} & a_{22} \end{pmatrix},$$
また 3 次の正方行列は
$$\begin{pmatrix} a_{11} & a_{12} & a_{13} \\ a_{21} & a_{22} & a_{23} \\ a_{31} & a_{32} & a_{33} \end{pmatrix}$$
と表されます．a の右下に 2 つの番号が付いていますが，左側が行番号，右側が列番号を表しています．
　一般に，n 次の正方行列は

$$\begin{pmatrix} a_{11} & a_{12} & \cdots & a_{1n} \\ a_{21} & a_{22} & \cdots & a_{2n} \\ & & \cdots & \\ a_{n1} & a_{n2} & \cdots & a_{nn} \end{pmatrix}$$

と表されます．

正方行列 A に対して，A の両側のカッコ ( ) を | | でおきかえた行列式を A の**行列式**といい，$|A|$ で表す．

シェ　たとえば，
$$A = \begin{pmatrix} a & b & c \\ d & e & f \\ g & h & i \end{pmatrix}$$

の行列式は，
$$|A| = \begin{vmatrix} a & b & c \\ d & e & f \\ g & h & i \end{vmatrix}$$

となるわけでございます．

● 対角成分

正方行列において，行番号と列番号が同じである成分を，その行列の**対角成分**という．

シェ　行番号と列番号が同じ成分ですから，$(1,1)$ 成分，$(2,2)$ 成分，$(3,3)$ 成分，…が対角成分でございます．

たとえば
$$A = \begin{pmatrix} a & b & c \\ d & e & f \\ g & h & i \end{pmatrix}$$

のとき，A の対角成分は
$$a, \quad e, \quad i$$
の 3 つとなります．

一般に，
$$A = \begin{pmatrix} a_{11} & a_{12} & \cdots & a_{1n} \\ a_{21} & a_{22} & \cdots & a_{2n} \\ & & \ddots & \\ a_{n1} & a_{n2} & \cdots & a_{nn} \end{pmatrix}$$
のとき，A の対角成分は
$$a_{11}, \quad a_{22}, \quad \cdots, \quad a_{nn}$$
となるわけです．

王様　行列の左上から右下に引いた対角線の上に並んだ成分が対角成分だな？

シェ　その通りでございます．

● 対角行列

　　対角成分以外のすべての成分が 0 である正方行列を，**対角行列**という．

シェ　対角成分を除いて全部 0 ですから，たとえば
$$\begin{pmatrix} a & 0 \\ 0 & b \end{pmatrix}, \quad \begin{pmatrix} a & 0 & 0 \\ 0 & b & 0 \\ 0 & 0 & c \end{pmatrix}$$
はどちらも対角行列です．

王様　ウエー，次から次へと新しい用語が出てきて頭の中が混乱してきたぞ．対角行列というときは，対角成分は 0 ではないのだな？

シェ　対角成分は 0 であってもなくても，どちらでもかまいません．ですから，たとえば
$$\begin{pmatrix} 1 & 0 & 0 \\ 0 & 1 & 0 \\ 0 & 0 & 0 \end{pmatrix}, \quad \begin{pmatrix} 0 & 0 & 0 \\ 0 & 0 & 0 \\ 0 & 0 & 5 \end{pmatrix}, \quad \begin{pmatrix} 0 & 0 & 0 \\ 0 & 0 & 0 \\ 0 & 0 & 0 \end{pmatrix}$$

はいずれも対角行列です．

● 単位行列

対角成分がすべて 1，その他の成分がすべて 0 である正方行列を，**単位行列**という．

シェ 2 次の単位行列，3 次の単位行列，4 次の単位行列は，それぞれ

$$\begin{pmatrix} 1 & 0 \\ 0 & 1 \end{pmatrix}, \begin{pmatrix} 1 & 0 & 0 \\ 0 & 1 & 0 \\ 0 & 0 & 1 \end{pmatrix}, \begin{pmatrix} 1 & 0 & 0 & 0 \\ 0 & 1 & 0 & 0 \\ 0 & 0 & 1 & 0 \\ 0 & 0 & 0 & 1 \end{pmatrix}$$

となります．

単位行列は E という記号で表します．何次の単位行列であるかは明示しないことが多いのですが，n 次の単位行列を表したいときは E_n という記号を用います．たとえば，

$$E_3 = \begin{pmatrix} 1 & 0 & 0 \\ 0 & 1 & 0 \\ 0 & 0 & 1 \end{pmatrix}.$$

単位行列は対角行列の特別な場合です．

単位行列の行列式の値は 1 である．

シェ すなわち

$$|E| = 1$$

となります．

なぜかと言いますと，行列式の定義を思い出して下さいませ．各行から 1 つずつ，列番号が重ならないように取ってかけあわせるとき，0 を 1 つでも取るとかけた時に 0 になりますから，1 行目から 1，2 行目から 1，3 行目から 1，…と取る場合しか残りません．この取り方の列番号の

順列は
$$(1, 2, 3, \cdots)$$
となって，転倒数が 0 ですから偶順列です．したがって行列式の定義から，
$$|E| = 1$$
となることがわかります．

王様 なるほど．1 をかけていくから 1 で，偶順列だからプラスの符号をつけて 1，あとは 0 を何個か足すから，結局値は 1 になるわけか．

シェ 同じ理由で次のこともわかります．

対角行列の行列式の値は，その対角成分の積に等しい．

●例題 3

行列 A を，
$$A = \begin{pmatrix} 1 & 1 \\ 1 & 1 \end{pmatrix}$$
と定義するとき，
$$|A - aE| = 0$$
を満たすスカラー a をすべて求めよ．E は単位行列とする．

シェ いかがでございます？

王様 ちょっと待てよ．まず式の意味がよくわからん．

シェ 左辺は，$A - aE$ という行列の，行列式でございます．

王様 なるほど．a はスカラーだから，aE は行列 E の a 倍を表すのだな．E は単位行列というが，何次の単位行列だろう．

シェ はい．それは前後の文脈から判断いたします．

王様 ウーン．そうか．2 次の正方行列 A と aE の差をとっているから，E は 2 次の単位行列だな．すなわち，

$$E = \begin{pmatrix} 1 & 0 \\ 0 & 1 \end{pmatrix}.$$

行列のスカラー倍は，そのスカラーをすべての成分にかけるのだから，

$$aE = a \begin{pmatrix} 1 & 0 \\ 0 & 1 \end{pmatrix}$$
$$= \begin{pmatrix} a \times 1 & a \times 0 \\ a \times 0 & a \times 1 \end{pmatrix}$$
$$= \begin{pmatrix} a & 0 \\ 0 & a \end{pmatrix}.$$

これを A から引くと，

$$A - aE = \begin{pmatrix} 1 & 1 \\ 1 & 1 \end{pmatrix} - \begin{pmatrix} a & 0 \\ 0 & a \end{pmatrix}$$
$$= \begin{pmatrix} 1-a & 1-0 \\ 1-0 & 1-a \end{pmatrix}$$
$$= \begin{pmatrix} 1-a & 1 \\ 1 & 1-a \end{pmatrix}.$$

この行列の行列式をとって，

$$|A - aE| = \begin{vmatrix} 1-a & 1 \\ 1 & 1-a \end{vmatrix}.$$

これが 0 に等しくなるように a を決めればよいから，

$$\begin{vmatrix} 1-a & 1 \\ 1 & 1-a \end{vmatrix} = (1-a)^2 - 1$$
$$= a^2 - 2a$$
$$= a(a-2)$$
$$= 0.$$

すなわち求める a は，

$$a = 0, \ 2.$$

値が 2 つ出てきた．

シェ　正解でございます．

王様　かんたんかんたん．お茶の子さいさいだ．

シェ　まあ頼もしい！

●例題 3 の答

$a = 0, 2.$

●宿題 6

行列 A を,
$$A = \begin{pmatrix} 1 & 1 & 1 \\ 1 & 1 & 1 \\ 1 & 1 & 1 \end{pmatrix}$$
と定義するとき,
$$|A - aE| = 0$$
を満たすスカラー a をすべて求めよ. E は単位行列とする.

● 第七夜

固有値の計算

●宿題 6 の答

$a = 0, 3$.

王様　今夜は珍客到来だぞ．お前もよく知っている男だ．
シェ　どなたでございましょう．見当もつきませんが．
王様　ワシの幼なじみのボヤッキー男爵だ．
シェ　あらおめずらしい．毎日ゴルフばかりおやりになっていると聞きましたが．
王様　なんでもお前に線形代数を教えてもらいたいそうだ．
シェ　線形代数を？
王様　あいつは大学で建築専攻だったから，線形代数は知っているはずなんだが，それにしてもなんで今ごろお前に教わりたいと言ってきたのかさっぱりわからん．「黄金の間」のとなりの「スカタンの間」に待たせているので，我々もそっちに移動しよう．

スカタンの間にて．ボヤッキー男爵を「ボヤ」と略記させていただきます．

ボヤ　王様，ご無沙汰してます．お元気そうで何より．

王様　本当に久しぶりだなあ．すっかり日焼けして，相かわらずゴルフ三昧か．

ボヤ　そうやねん．けどあかんわ．ドライバーは飛ばないし，パットは入らんし，ちょっともうまくならへん．

王様　それでも健康には良いのだろう．元気そうで何よりだ．

ボヤ　そやけどこの部屋はほんまに「スカタンの間」やなあ．家具も調度品も何にも無いやないか．テーブルと椅子が置いてあるだけや．宮殿のものを黙って失敬するほど落ちぶれてはいまへんで．

王様　いやいや，そういう意味じゃないよ．部屋に入ったとたん，何にも無くてガッカリするだろう．そうするとその反動で勉強に身が入って能率が上がる．気が散るものが何にも無いから集中できるのだ．

ボヤ　ほんまかいな．

王様　線形代数をシェヘラザードに教わりたいそうだが，本当か？

ボヤ　そうやねん．

王様　ふーん．線形が，わかりませんけー？

ボヤ　さむー！　地球温暖化防止には王様のおやじギャグが一番効果がありまっせ．いやじつはな，シェヘラザードはん．男爵夫人，つまりわいの奥方がな，最近アンチエイジングにはまっとりましてな．そのためには脳の活性化が必要で，それには数学の勉強が一番やと，ある博士に言われましたんや．それで線形代数入門の書物を読みはじめましてな．そしたら「固有値の計算」でつまずいて，わしに教えてくれと言ってきましたんや．

王様　お前は大学で建築を専攻したんだから線形代数は習っただろう．教えてやればいいじゃないか．

ボヤ　習ったいうたかて，そない昔のことおぼえとるかいな．シェヘラザードはん，お願いしますわ．理論だの証明だの，しちめんどくさいことはどうでもええ．固有値の計算法，それだけ教えてくれまへんやろか．

シェ　固有値のことはもう少し先になってからお話しする予定だったのですが，

ただ，固有値の計算は行列式の計算の応用みたいなものですから，予定の順序を少し変えて，ここでお話しすることにいたしましょう．

ボヤ　おおきに．助かりますわ．

● 固有値

シェ　正方行列に対して，その行列の固有値とよばれるスカラーを次のように定義いたします．

　正方行列の各対角成分から x を引いてできる行列の行列式を，その行列の **固有多項式** といい，

$$固有多項式 = 0$$

で定まる方程式を，その行列の **固有方程式** という．固有方程式の解の1つ1つを，その行列の **固有値** という．

シェ　いかがでございます？

ボヤ　なるほど．さすがはシェヘラザードはん，わかりやすいわ．固有多項式，固有方程式，固有値．ホップ，ステップ，ジャンプでおぼえたらええのや．わいの奥方のテキストを見たら，固有ベクトルがどうのこうの，存在するのしないのと，わけのわからん文章が並んでいてチンプンカンプンでした．

王様　正方行列でないと，固有値は定義されないのだな．

シェ　その通りでございます．

ボヤ　対角成分て何でんねん？

シェ　行番号と列番号が同じ成分のことを，対角成分と申します．

王様　行列の左上から右下を結ぶ線上にある数のことだよ．

シェ　なお，x のかわりにギリシャ文字の λ (ラムダ) を使っている書物も多くございます．念のため申し添えます．

●2 次の場合

シェ 2 次の正方行列
$$A = \begin{pmatrix} a & b \\ c & d \end{pmatrix}$$
の固有多項式は
$$\begin{vmatrix} a-x & b \\ c & d-x \end{vmatrix},$$
固有方程式は
$$\begin{vmatrix} a-x & b \\ c & d-x \end{vmatrix} = 0.$$
左辺の行列式を計算すると x の 2 次式になりますから，2 次方程式を解けば A の固有値が求められます．

●例題 1

行列
$$A = \begin{pmatrix} 1 & 1 \\ 1 & -1 \end{pmatrix}$$
の固有値をすべて求めよ．

シェ ボヤッキー男爵，いかがでございます？
ボヤ ホップ，ステップ，ジャンプやから，固有多項式，固有方程式，固有値の順に行けばええのやな．固有多項式は
$$\begin{vmatrix} 1-x & 1 \\ 1 & -1-x \end{vmatrix},$$
固有方程式は
$$\begin{vmatrix} 1-x & 1 \\ 1 & -1-x \end{vmatrix} = 0$$
でっしゃろ．左辺を計算すると，
$$(1-x)(-1-x) - 1 \times 1 = -1 + x^2 - 1$$

$$= x^2 - 2$$
$$= 0.$$

これを解くと，
$$x = \pm\sqrt{2}.$$

A の固有値は $\sqrt{2}$ と $-\sqrt{2}$．この 2 つや．

シェ　正解でございます．
ボヤ　かんたんかんたん．お茶の子さいさいや．
シェ　まあ頼もしい！

●例題 1 の答
A の固有値は $\sqrt{2}$ と $-\sqrt{2}$．

●3 次の場合

王様　3 次の場合も，基本的な流れは同じなのだな？
シェ　はい．ただ計算がかなり複雑になります．
ボヤ　いややなあ．複雑な計算は大キライや．
シェ　とにかく練習問題をやってみましょう．

●例題 2

行列
$$A = \begin{pmatrix} 1 & 2 & 3 \\ 1 & 2 & 3 \\ 1 & 2 & 3 \end{pmatrix}$$

の固有値をすべて求めよ．

シェ　いかがでございます？
ボヤ　数字の並び方がわざとらしいなあ．なんじゃこれは！　まあええわ．ホッ

プ，ステップ，ジャンプやから，

$$\begin{vmatrix} 1-x & 2 & 3 \\ 1 & 2-x & 3 \\ 1 & 2 & 3-x \end{vmatrix}$$

が固有多項式,

$$\begin{vmatrix} 1-x & 2 & 3 \\ 1 & 2-x & 3 \\ 1 & 2 & 3-x \end{vmatrix} = 0$$

が固有方程式で，この方程式の解が A の固有値と．ここまでは一本道や．あれ？ 左辺の行列式を計算したら x の 3 次式やで？ ほな 3 次方程式を解かなあかんの？ 3 次方程式の解の公式は知りまへんで．

シェ 3 次方程式の解の公式を使うのではなくて，因数分解して解けるように，練習問題は作ってあるのです．行列式を変形して，ある行 (または列) から共通因子をくくり出すような工夫をいたします．

ボヤ 工夫いうたかて，どないしたらええのや．

シェ ケースバイケースで，いろいろとやってみる，ということでございます．

ボヤ そなアホな！

王様 ちょっと待てよ．なにやらピンと来たぞ．行和が等しいケースじゃないか．

ボヤ なんやそれ？

王様 いいか，行列式

$$\begin{vmatrix} 1-x & 2 & 3 \\ 1 & 2-x & 3 \\ 1 & 2 & 3-x \end{vmatrix}$$

のそれぞれの行の成分を足してみろ．

$$第 1 行の和 = (1-x) + 2 + 3 = 6 - x,$$
$$第 2 行の和 = 1 + (2-x) + 3 = 6 - x,$$
$$第 3 行の和 = 1 + 2 + (3-x) = 6 - x$$

となって，みんな同じになる．こういうときは，どれか 1 つの列，たとえば第 1 列に他の列を順次加えていくと，共通因子を前にくくり出すこ

とができる．

ボヤ 行列式のある列に，他のある列を加えても行列式の値は変らない．それくらいはおぼえとるが，それで？

王様 よく見てろよ．

$$\begin{vmatrix} 1-x & 2 & 3 \\ 1 & 2-x & 3 \\ 1 & 2 & 3-x \end{vmatrix}$$

$$\underset{\substack{c_1+c_2 \\ c_1+c_3}}{=} \begin{vmatrix} 6-x & 2 & 3 \\ 6-x & 2-x & 3 \\ 6-x & 2 & 3-x \end{vmatrix} = (6-x)\begin{vmatrix} 1 & 2 & 3 \\ 1 & 2-x & 3 \\ 1 & 2 & 3-x \end{vmatrix}$$

$$\underset{\substack{c_2-2c_1 \\ c_3-3c_1}}{=} (6-x)\begin{vmatrix} 1 & 0 & 0 \\ 1 & -x & 0 \\ 1 & 0 & -x \end{vmatrix} = (6-x)\begin{vmatrix} -x & 0 \\ 0 & -x \end{vmatrix}$$

$$= (6-x) \times x^2 = -x^2(x-6)$$

となって因数分解できる．

ボヤ c_1, c_2 て何やねん？

王様 第1列を c_1，第2列を c_2，第3列を c_3 で表した．c_1+c_2 は，第1列に第2列を加えた，というイミだ．その下の c_1+c_3 は，続けて第1列に第3列を加えた，というイミだ．そうすると第1列に $6-x$ が並ぶから，それを共通因子としてくくり出したのさ．

ボヤ なるほど．すると固有方程式は

$$-x^2(x-6) = 0$$

となるから，A の固有値はその解で 0 と 6 か．

シェ 正解でございます．

ボヤ 王様，普段は「数学は苦手だ」とか「数学アレルギーだ」とかおっしゃってるくせに，ほんまは数学ようできるやないか！ ムカつくなあ．腹立ってきたわ．

●例題 2 の答

A の固有値は 0 と 6．

シェ 次の練習問題はもう少し難しいかもしれません．

●例題 3

行列
$$A = \begin{pmatrix} -4 & -2 & -1 \\ 6 & 1 & -2 \\ -6 & 4 & 7 \end{pmatrix}$$
の固有値をすべて求めよ．

ボヤ とにかく最初は一本道や．固有方程式が
$$\begin{vmatrix} -4-x & -2 & -1 \\ 6 & 1-x & -2 \\ -6 & 4 & 7-x \end{vmatrix} = 0$$
やから，この式の左辺 (固有多項式) を因数分解すればできる．そこまではわかりまっせ．

王様 今度は行和が等しいケースではないな．

シェ いろいろと工夫をして，ある行や列から共通因子をくくり出すようにしてはいかがでしょう．

ボヤ 工夫する言うたかて，どないしたらええのかわからへん．

王様 第 3 行に第 2 行を加えるとうまく行きそうだぞ．やってみよう．

$$\begin{vmatrix} -4-x & -2 & -1 \\ 6 & 1-x & -2 \\ -6 & 4 & 7-x \end{vmatrix}$$
$$\underset{r_3+r_2}{=} \begin{vmatrix} -4-x & -2 & -1 \\ 6 & 1-x & -2 \\ 0 & 5-x & 5-x \end{vmatrix} = (5-x) \begin{vmatrix} -4-x & -2 & -1 \\ 6 & 1-x & -2 \\ 0 & 1 & 1 \end{vmatrix}$$
$$\underset{c_2-c_3}{=} (5-x) \begin{vmatrix} -4-x & -1 & -1 \\ 6 & 3-x & -2 \\ 0 & 0 & 1 \end{vmatrix} = (5-x) \begin{vmatrix} -4-x & -1 \\ 6 & 3-x \end{vmatrix}$$
$$= (5-x)(x^2+x-6)$$
$$= -(x-5)(x-2)(x+3)$$

となって因数分解できた．r_2, r_3 はそれぞれ第2行，第3行のこと，c_2, c_3 はそれぞれ第2列，第3列のことだ．はじめに第3行に第2行を加えて，第3行から $5-x$ を共通因子としてくくり出し，次に第2列から第3列を引いて，第3行で展開 (余因子展開) したのさ．固有方程式が

$$-(x-5)(x-2)(x+3) = 0$$

だから，その解である $5, 2, -3$ が A の固有値，と求まった．

シェ　正解でございます．
ボヤ　ひゃー！　王様，あなたは天才！　数学が苦手だなんて大ウソ！
王様　行や列を足したり引いたりしていつでもできる，というわけでもなかろう．工夫してもうまく共通因子が出ないときはどうするのだ？
シェ　サラスの展開で計算して，x の3次式にしてから因数分解する，という方法があります．
ボヤ　いやー，アホらしなってきた．そもそも数学っちゅうけったいなもんが世の中に存在しとること自体がまちがっちょるよ．そやろ．どれほど多くの人間が数学大っきらいか，考えてみなはれ．シェヘラザードはん，こんな歌を作りましたで．

　　　世の中に　絶えて数学の無かりせば　春の心は　のどけからまし

どうでおます？
シェ　すばらしいお歌でございますね．
ボヤ　本気でっか？
シェ　おせじでございます．

●例題3の答

A の固有値は $5, 2, -3$．

シェ　宿題をさし上げますので，奥様とご一緒にお考え下さいませ．
ボヤ　おおきに．シェヘラザードはん，ほんまに助かりました．

●宿題 7

(1) 行列
$$A = \begin{pmatrix} 1 & 1 & 1 \\ 2 & 2 & 2 \\ 4 & 4 & 4 \end{pmatrix}$$
の固有値をすべて求めよ．

(2) 行列
$$B = \begin{pmatrix} 5 & 2 & 2 \\ 2 & 2 & -4 \\ 2 & -4 & 2 \end{pmatrix}$$
の固有値をすべて求めよ．

(3) 行列
$$C = \begin{pmatrix} 2 & 6 & -3 \\ 6 & -3 & -2 \\ -3 & -2 & -6 \end{pmatrix}$$
の固有値をすべて求めよ．

● 第八夜

行列の積

●宿題 7 の答

(1) A の固有値は $0, 7$.　　(2) B の固有値は $6, -3$.

(3) C の固有値は $7, -7$.

王様　(1) と (2) は正解だったが，(3) は固有多項式を因数分解できず，結局あきらめた．

シェ　(3) は固有多項式の行列式の第 2 行に第 3 行を 2 倍したものを加えると，第 2 行から $(-7-x)$ を共通因子としてくくり出すことができるのです．少し難しかったかもしれません．

王様　ボヤッキー男爵もさらに数学ぎらいになったかもしれんぞ．それにしても自分より数学ができない人間を見るとなぜかホッとするから不思議だな．きのうは久しぶりに優越感を味わって実に愉快だった．こうなるとワシのギャグにもますますミガキがかかってくるなあ．こういうのはどうだ．「高野山の弘法大師さま，おいしそうなお弁当ですねえ！」「くうかい？」どうだ，おもしろいだろう！

シェ　いいえ．

王様 あれ？

● 行列の和とスカラー倍

シェ 行列の和とスカラー倍についてはすでにご説明申し上げました．自然な定義でしたけれども，おぼえていらっしゃいますか？

王様 型が同じ行列は足したり引いたりすることができる．成分ごとに足したり引いたりすればよい．行列にスカラーをかけるには，すべての成分にそのスカラーをかければよい．まだおぼえているぞ．

ところで，単位行列というのは，対角成分がすべて 1 でその他の成分がすべて 0 という正方行列だから，正方行列 A の固有多項式は

$$A - xE$$

という正方行列の行列式なのではないか？

シェ その通りでございます．固有方程式は

$$|A - xE| = 0$$

ですから，この方程式の解の 1 つ 1 つが，A の固有値でございます．さすがは王様，よく気がつかれました．

王様 いやいや．何かの書物でちらっと見たような記憶がある．自分で気がついたわけではないよ．

● 行列とベクトルの積

シェ これから行列のかけ算についてお話しいたします．足し算や引き算とちがって，行列のかけ算はとてもややこしいのです．

まず，行列とベクトルの積とは何か，というところからご説明いたします．

王様 行列にベクトルをかける，ということだな？

シェ はい．1 つの例として，x, y, z を未知数とする連立 1 次方程式

$$\begin{cases} x + y + z = 1 \\ x + 2y + 3z = 2 \end{cases}$$

をお考え下さい．この方程式を表すのに，左辺の式の係数を並べてでき

る行列

$$\begin{pmatrix} 1 & 1 & 1 \\ 1 & 2 & 3 \end{pmatrix}$$

と，右辺の数を並べてできるベクトル

$$\begin{pmatrix} 1 \\ 2 \end{pmatrix}$$

をうまく使えないでしょうか？ もちろん

$$\begin{pmatrix} 1 & 1 & 1 \\ 1 & 2 & 3 \end{pmatrix} = \begin{pmatrix} 1 \\ 2 \end{pmatrix}$$

と書いてしまうのは乱暴すぎます．未知数の x, y, z を上に並べて

$$\begin{matrix} x & y & z \\ \begin{pmatrix} 1 & 1 & 1 \\ 1 & 2 & 3 \end{pmatrix} = \begin{pmatrix} 1 \\ 2 \end{pmatrix} \end{matrix}$$

と書くことにすれば，少くとも意味ははっきりするでしょう．等号（＝）も1つ節約できます．

さらに，上に並んでいる x, y, z を右側にタテに並べて

$$\begin{pmatrix} 1 & 1 & 1 \\ 1 & 2 & 3 \end{pmatrix} \begin{pmatrix} x \\ y \\ z \end{pmatrix} = \begin{pmatrix} 1 \\ 2 \end{pmatrix}$$

と書いたらどうでしょう．左辺は

$$\begin{pmatrix} 1 & 1 & 1 \\ 1 & 2 & 3 \end{pmatrix}$$

という行列と，

$$\begin{pmatrix} x \\ y \\ z \end{pmatrix}$$

というベクトルの積の形になっています．この式が成り立つためには，

$$\begin{pmatrix} a & b & c \\ d & e & f \end{pmatrix}$$

という行列と

というベクトルの積を，

$$\begin{pmatrix} a & b & c \\ d & e & f \end{pmatrix} \begin{pmatrix} g \\ h \\ i \end{pmatrix} = \begin{pmatrix} ag+bh+ci \\ dg+eh+fi \end{pmatrix}$$

であると定義してしまえばよいわけです．右辺のベクトルの各成分は，左辺の行列の各行とベクトル

$$\begin{pmatrix} g \\ h \\ i \end{pmatrix}$$

の内積をとったものになっています．すなわち，

$$\left\langle \begin{pmatrix} a \\ b \\ c \end{pmatrix}, \begin{pmatrix} g \\ h \\ i \end{pmatrix} \right\rangle = ag+bh+ci,$$

$$\left\langle \begin{pmatrix} d \\ e \\ f \end{pmatrix}, \begin{pmatrix} g \\ h \\ i \end{pmatrix} \right\rangle = dg+eh+fi.$$

ただし，行列の各行は $(a,b,c), (d,e,f)$ と，数がヨコに並んでいますから，タテに並べかえて内積をとっています．

最初の連立 1 次方程式

$$\begin{cases} x + y + z = 1 \\ x + 2y + 3z = 2 \end{cases}$$

は，係数のつくる行列，未知数のベクトル，右辺の数のつくるベクトルを，

$$A = \begin{pmatrix} 1 & 1 & 1 \\ 1 & 2 & 3 \end{pmatrix}, \quad \boldsymbol{x} = \begin{pmatrix} x \\ y \\ z \end{pmatrix}, \quad \boldsymbol{b} = \begin{pmatrix} 1 \\ 2 \end{pmatrix}$$

と置くことにより，

$$A\boldsymbol{x} = \boldsymbol{b}$$

という，簡単でスッキリした形に表すことができます．

王様 なるほど，そうやって行列とベクトルの積を定義するわけか．それにしてもちょっとややこしいな．

　行列とベクトルの**積**とは，行列の各行とベクトルの内積をとり，それらを上から順に並べてできるベクトルのことである．ただし，積が定義されるのは行列の列の数とベクトルの次数とが一致する場合に限る．

シェ 行列のそれぞれの行は数がヨコに並んでいますから，内積をとるときはタテに並べかえます．
行列 A とベクトル x の積を Ax で表します．
Ax はベクトルで，その次数は A の行の数に一致します．

● 例題 1

次のそれぞれについて，行列 A とベクトル x の積 Ax を求めよ．

(1) $A = \begin{pmatrix} 1 & -1 \\ 2 & 0 \end{pmatrix}$, $x = \begin{pmatrix} 1 \\ 2 \end{pmatrix}$.

(2) $A = \begin{pmatrix} -1 & 2 \\ 5 & -1 \\ -2 & -3 \end{pmatrix}$, $x = \begin{pmatrix} -2 \\ -1 \end{pmatrix}$.

(3) $A = \begin{pmatrix} -1 & 0 & 3 \\ 2 & -2 & -1 \end{pmatrix}$, $x = \begin{pmatrix} -1 \\ -2 \\ 2 \end{pmatrix}$.

(4) $A = \begin{pmatrix} 0 & 8 & 4 \\ 7 & 9 & 7 \\ 5 & 9 & 6 \end{pmatrix}$, $x = \begin{pmatrix} 3 \\ -1 \\ -1 \end{pmatrix}$.

シェ 行列とベクトルの積を計算するとき，行列の方は行をとって計算しますから，たとえば

$$\left(\begin{array}{ccc} 0 & 8 & 4 \\ \hline 7 & 9 & 7 \\ \hline 5 & 9 & 6 \end{array}\right) \left(\begin{array}{c} 3 \\ -1 \\ -1 \end{array}\right)$$

のように，ヨコに線を引いておくとわかりやすいでしょう．

●例題 1 の答

(1) $\begin{pmatrix} -1 \\ 2 \end{pmatrix}$ (2) $\begin{pmatrix} 0 \\ -9 \\ 7 \end{pmatrix}$

(3) $\begin{pmatrix} 7 \\ 0 \end{pmatrix}$ (4) $\begin{pmatrix} -12 \\ 5 \\ 0 \end{pmatrix}$

● 行列と行列の積

シェ　さて，それでは行列のかけ算にまいりましょう．ここは面倒といえば面倒なところですが，一度「体でおぼえる」と，あとは自動的に手が動いて計算できるようになるという，ちょっと不思議な世界です．

かけ算といっても，普通の数のかけ算とはずいぶん違います．まず，行列 A と行列 B の積 AB が定義されるのは，A の列の数と B の行の数が一致する場合に限られます．

たとえば，

$$A = \begin{pmatrix} a & b & c \\ d & e & f \end{pmatrix}, \quad B = \begin{pmatrix} g & h \\ i & j \end{pmatrix}$$

としますと，A の列の数は 3，B の行の数は 2 で，

$$A \text{ の列の数} \neq B \text{ の行の数}$$

ですから，積 AB は定義されません．

一方，

$$B \text{ の列の数} = A \text{ の行の数} = 2$$

ですから，積 BA は定義されます．

王様　なんだかややこしいなあ．

シェ　A と B がともに同じ型の正方行列のときは積 AB も積 BA も定義されますが，その場合も
$$AB = BA$$
が成り立つとは限りません．

王様　普通の数のかけ算と全然ちがうじゃないか．

シェ　おっしゃる通りです．ただ，足し算，引き算とスカラー倍だけでしたら，行列も普通のベクトルとさほど変わらないのですが，積を導入することによって，行列はとても便利で役に立つ道具になるのでございます．

王様　それで，行列の積をどうやって定義するのだ？

シェ　行列とベクトルの積についてはすでにお話ししました．行列の列の数とベクトルの次数が同じとき，行列にベクトルをかけると (行列の行の数を次数とする) ベクトルになります．

　行列と行列の**積**とは，左側の行列に右側の行列の第 1 列，第 2 列，第 3 列，…をつぎつぎにかけてえられるベクトルを，左から右に順に並べてできる行列のことである．ただし，積が定義されるのは左側の行列の列の数と右側の行列の行の数が一致する場合に限る．

シェ　行列 A と行列 B の積を AB で表します．

王様　具体的な例が無いとピンと来ないな．

シェ　次の例でご説明いたします．
$$\begin{pmatrix} 0 & 1 \\ 1 & 0 \\ 1 & 1 \end{pmatrix} \begin{pmatrix} 7 & 2 & 4 \\ 5 & 9 & 6 \end{pmatrix}.$$
左側の行列の列の数は 2，右側の行列の行の数も 2 ですから，積が可能です．右側の行列を列に分解すると
$$\begin{pmatrix} 7 \\ 5 \end{pmatrix}, \quad \begin{pmatrix} 2 \\ 9 \end{pmatrix}, \quad \begin{pmatrix} 4 \\ 6 \end{pmatrix}$$
となりますから，これらをつぎつぎに左側の行列にかけますと，行列と

ベクトルの積の定義から，

$$\begin{pmatrix} 0 & 1 \\ 1 & 0 \\ 1 & 1 \end{pmatrix} \begin{pmatrix} 7 \\ 5 \end{pmatrix} = \begin{pmatrix} 0 \times 7 + 1 \times 5 \\ 1 \times 7 + 0 \times 5 \\ 1 \times 7 + 1 \times 5 \end{pmatrix} = \begin{pmatrix} 5 \\ 7 \\ 12 \end{pmatrix},$$

$$\begin{pmatrix} 0 & 1 \\ 1 & 0 \\ 1 & 1 \end{pmatrix} \begin{pmatrix} 2 \\ 9 \end{pmatrix} = \begin{pmatrix} 0 \times 2 + 1 \times 9 \\ 1 \times 2 + 0 \times 9 \\ 1 \times 2 + 1 \times 9 \end{pmatrix} = \begin{pmatrix} 9 \\ 2 \\ 11 \end{pmatrix},$$

$$\begin{pmatrix} 0 & 1 \\ 1 & 0 \\ 1 & 1 \end{pmatrix} \begin{pmatrix} 4 \\ 6 \end{pmatrix} = \begin{pmatrix} 0 \times 4 + 1 \times 6 \\ 1 \times 4 + 0 \times 6 \\ 1 \times 4 + 1 \times 6 \end{pmatrix} = \begin{pmatrix} 6 \\ 4 \\ 10 \end{pmatrix}$$

となります．これらのベクトルを左から右に順に並べてできる行列が求める積ですから，

$$\begin{pmatrix} 0 & 1 \\ 1 & 0 \\ 1 & 1 \end{pmatrix} \begin{pmatrix} 7 & 2 & 4 \\ 5 & 9 & 6 \end{pmatrix} = \begin{pmatrix} 5 & 9 & 6 \\ 7 & 2 & 4 \\ 12 & 11 & 10 \end{pmatrix}$$

となるわけです．行列の積を計算するとき，左側の行列はつねに行をとり，右側の行列はつねに列をとりますから，

$$\left(\begin{array}{cc} 0 & 1 \\ \hline 1 & 0 \\ \hline 1 & 1 \end{array} \right) \left(\begin{array}{c|c|c} 7 & 2 & 4 \\ 5 & 9 & 6 \end{array} \right)$$

のように線を引いてから計算をするとよろしいでしょう．慣れてくれば自然に手が動いて計算できるようになります．

●例題 2

行列の積を計算せよ．

(1) $\begin{pmatrix} 2 & 1 \\ 3 & 2 \end{pmatrix} \begin{pmatrix} 1 & -1 \\ -1 & -1 \end{pmatrix}$ (2) $\begin{pmatrix} 0 & 1 \\ 1 & 0 \end{pmatrix} \begin{pmatrix} 1 & 2 & 3 \\ 4 & 5 & 6 \end{pmatrix}$

(3) $\begin{pmatrix} 1 & 2 \\ 3 & 4 \\ 5 & 6 \end{pmatrix} \begin{pmatrix} 0 & 1 \\ 1 & 0 \end{pmatrix}$

(4) $\begin{pmatrix} 1 & -1 & 0 \\ 2 & 2 & -1 \\ -1 & -2 & 3 \end{pmatrix} \begin{pmatrix} -1 & 2 & -2 \\ -1 & -2 & 1 \\ 1 & 0 & -1 \end{pmatrix}$

王様 めんどくさいなあ．頭が混乱してきたぞ．

シェ 左側の行列にはヨコの線，右側の行列にはタテの線を入れて計算するとよろしゅうございます．慣れてきますと自然に手が動いて計算できるようになりますから，それまですこーし，ご辛抱下さいませ！

●例題2の答

(1) $\begin{pmatrix} 1 & -3 \\ 1 & -5 \end{pmatrix}$ (2) $\begin{pmatrix} 4 & 5 & 6 \\ 1 & 2 & 3 \end{pmatrix}$

(3) $\begin{pmatrix} 2 & 1 \\ 4 & 3 \\ 6 & 5 \end{pmatrix}$ (4) $\begin{pmatrix} 0 & 4 & -3 \\ -5 & 0 & -1 \\ 6 & 2 & -3 \end{pmatrix}$

● **結合法則**

シェ 行列の積の定義はちょっと複雑でしたが，それでも普通の数のかけ算と共通する性質がいろいろとございます．

行列 A, B, C に対して，
$$(AB)C = A(BC)$$
が成り立つ．ただし，それぞれの行列の積が定義されているものとする．

シェ これを，積の**結合法則**と申します．このことから，積 $(AB)C$ を，カッコをつけずに
$$ABC$$
と表します．4つ以上の行列の積も同様に，

$$ABCD, \quad A_1A_2A_3A_4A_5,$$

などと，カッコをつけずに表します．

王様 「カッコつけるな」ってことだな．

シェ 結合法則がなぜ成り立つか，ということですが，まず，行列 $(AB)C$ と行列 $A(BC)$ が同じ型であることを確かめます (これは容易にわかります)．つぎに $(AB)C$ の (i,j) 成分と $A(BC)$ の (i,j) 成分が等しいことを確かめます．ここはちょっとややこしいのですが，行列の積の定義を用いて，少し長い計算をすると確かめることができます．型が同じで対応する成分どうしが等しいことから，

$$(AB)C = A(BC)$$

であることがわかります．

● 可換な行列

シェ 結合法則は成り立ちますが，交換法則

$$AB = BA$$

は成り立ちません．ここが普通の数のかけ算と大いに違うところです．交換法則が成り立たないと言いましたのは，つねに

$$AB = BA$$

が成り立つわけではない，という意味でございます．いつでも

$$AB \neq BA$$

である，という意味ではございません．

王様 簡単な実例は？

シェ はい．その前に言葉を1つ定義しておきましょう．

同じ型の2つの正方行列 A と B が **可換** であるとは，

$$AB = BA$$

が成り立つことである．

シェ 積の順序が交換可能であることを，簡単に可換である，と言ったのでご

ざいます.
たとえば,
$$A_1 = \begin{pmatrix} 1 & 1 \\ 0 & 1 \end{pmatrix}, \quad B_1 = \begin{pmatrix} 1 & 2 \\ 0 & 1 \end{pmatrix}$$
としますと,
$$A_1 B_1 = \begin{pmatrix} 1 & 1 \\ 0 & 1 \end{pmatrix} \begin{pmatrix} 1 & 2 \\ 0 & 1 \end{pmatrix} = \begin{pmatrix} 1 & 3 \\ 0 & 1 \end{pmatrix},$$
$$B_1 A_1 = \begin{pmatrix} 1 & 2 \\ 0 & 1 \end{pmatrix} \begin{pmatrix} 1 & 1 \\ 0 & 1 \end{pmatrix} = \begin{pmatrix} 1 & 3 \\ 0 & 1 \end{pmatrix}$$
となりますから
$$A_1 B_1 = B_1 A_1$$
が成り立ち, A_1 と B_1 は可換となります. 一方,
$$A_2 = \begin{pmatrix} 0 & 1 \\ 1 & 0 \end{pmatrix}, \quad B_2 = \begin{pmatrix} 1 & 1 \\ 1 & 2 \end{pmatrix}$$
としますと,
$$A_2 B_2 = \begin{pmatrix} 0 & 1 \\ 1 & 0 \end{pmatrix} \begin{pmatrix} 1 & 1 \\ 1 & 2 \end{pmatrix} = \begin{pmatrix} 1 & 2 \\ 1 & 1 \end{pmatrix},$$
$$B_2 A_2 = \begin{pmatrix} 1 & 1 \\ 1 & 2 \end{pmatrix} \begin{pmatrix} 0 & 1 \\ 1 & 0 \end{pmatrix} = \begin{pmatrix} 1 & 1 \\ 2 & 1 \end{pmatrix}$$
より
$$A_2 B_2 \neq B_2 A_2$$
となりますから, A_2 と B_2 は可換ではありません.

●例題 3

行列
$$\begin{pmatrix} -1 & 0 \\ 0 & 2 \end{pmatrix}$$
と可換な 2 次の正方行列をすべて求めよ.

王様 はて, 直感ではひらめかないな.

シェ　求める行列を
$$\begin{pmatrix} a & b \\ c & d \end{pmatrix}$$
と置いてみましょう．条件は
$$\begin{pmatrix} -1 & 0 \\ 0 & 2 \end{pmatrix} \begin{pmatrix} a & b \\ c & d \end{pmatrix} = \begin{pmatrix} a & b \\ c & d \end{pmatrix} \begin{pmatrix} -1 & 0 \\ 0 & 2 \end{pmatrix}$$
ということですから，両辺をそれぞれ計算して，
$$\begin{pmatrix} -a & -b \\ 2c & 2d \end{pmatrix} = \begin{pmatrix} -a & 2b \\ -c & 2d \end{pmatrix}.$$
型の同じ2つの行列が等しいということは，対応する成分どうしが等しいということと同じですから，この条件は
$$-a = -a, \quad -b = 2b, \quad 2c = -c, \quad 2d = 2d$$
の4つがすべて成り立つことと同じ，すなわち
$$b = c = 0$$
と同じです．したがって求める行列は
$$\begin{pmatrix} a & 0 \\ 0 & d \end{pmatrix}, \quad a, d \text{は任意,}$$
となります．

王様　「任意」という言葉が数学ではよく出てくるが，もう1つピンと来ないのだが…

シェ　はい．任意というのは「勝手な」とか「すべての」という意味に使われます．この場合でしたら，「a と d にはそれぞれ勝手な値を入れていいですよ」という意味になります．

●例題 3 の答
$$\begin{pmatrix} a & 0 \\ 0 & d \end{pmatrix}, \quad a, d \text{は任意.}$$

●宿題 8

（1） 行列の積を計算せよ．
$$\begin{pmatrix} 1 & -1 & -1 \\ -1 & -2 & 3 \end{pmatrix} \begin{pmatrix} 3 & 6 & 1 \\ 7 & 9 & 7 \\ 5 & 9 & 6 \end{pmatrix}$$

（2） 行列
$$\begin{pmatrix} 0 & 1 & 0 \\ 1 & 0 & 1 \\ 0 & 1 & 0 \end{pmatrix}$$
と可換な 3 次の正方行列をすべて求めよ．

● 第九夜

相性占い
(線形代数で遊ぶ)

●宿題 8 の答

(1) $\begin{pmatrix} -9 & -12 & -12 \\ -2 & 3 & 3 \end{pmatrix}$

(2) $\begin{pmatrix} a & b & c \\ b & a+c & b \\ c & b & a \end{pmatrix}$, a, b, c は任意.

王様 宿題の (2) は難しかったぞ．条件式が 9 個も出てきて，整理するのに四苦八苦．正解だったからまあいいが，ドッと疲れが出てしまった．今夜はなるべく簡単な話にしてくれ．

シェ それでは，ここで一息ということで，線形代数を使って遊んでみましょう．シェヘラザードが考案した男女の相性占いをご紹介いたします．線形代数を使って占います．

王様 線形代数を使った占いか．そりゃあおもしろい．

シェ ただし，実際に当たっているかどうかは保証いたしかねますので，あらかじめご承知下さいませ．

● 相性占い (その 1)

シェ　誕生日と血液型で占います．まず男女それぞれを，5 次のベクトルで表します．第 1 成分から第 4 成分までに，誕生日を表す数字を並べます．たとえば 1 月 1 日生まれなら，0, 1, 0, 1 とします．一番下の第 5 成分には血液型を表す数字を，次のように入れます．

$$
\begin{array}{ll}
\text{O 型} & 1 \\
\text{A 型} & 2 \\
\text{B 型} & 3 \\
\text{AB 型} & 4
\end{array}
$$

たとえば 1 月 2 日生まれで B 型の人を表すベクトルは

$$\begin{pmatrix} 0 \\ 1 \\ 0 \\ 2 \\ 3 \end{pmatrix}$$

となるわけです．

男女 2 人を表すベクトルの内積を計算して，それがラッキーナンバーである 7 とその倍数

$$0, \quad 7, \quad 14, \quad 21, \quad 28, \quad 35, \quad \cdots$$

に近ければ近いほど，相性が良いと判断します．

簡単な例でご説明いたします．ヒロシ君は 5 月 15 日生まれの O 型，クミコさんは 11 月 28 日生まれの A 型です．2 人を表すベクトルは，

$$(\text{ヒロシ}) = \begin{pmatrix} 0 \\ 5 \\ 1 \\ 5 \\ 1 \end{pmatrix}, \quad (\text{クミコ}) = \begin{pmatrix} 1 \\ 1 \\ 2 \\ 8 \\ 2 \end{pmatrix}$$

となりますから，内積を計算すると

$$\langle (\text{ヒロシ}), (\text{クミコ}) \rangle = 0 + 5 + 2 + 40 + 2$$
$$= 49$$
$$= 7 \times 7$$

となって7の倍数になりますから，ヒロシ君とクミコさんの相性は最高に良い，というのが占いの結論です．

王様 内積をとるところが面白いな．線形代数が占いに使えるとは思わなかったぞ．

●例題 1

7月19日生まれB型のユウコさんには2人のボーイフレンドがいる．2月11日生まれO型のジュン君と，4月15日生まれAB型のトモヒロ君である．相性占い (その 1) によれば，ユウコさんとの相性が良いのはジュン君とトモヒロ君のどちらの方になるか．

王様 よーし，これはワシがやってみよう．3人を表すベクトルは，

$$(\text{ユウコ}) = \begin{pmatrix} 0 \\ 7 \\ 1 \\ 9 \\ 3 \end{pmatrix}, \quad (\text{ジュン}) = \begin{pmatrix} 0 \\ 2 \\ 1 \\ 1 \\ 1 \end{pmatrix}, \quad (\text{トモヒロ}) = \begin{pmatrix} 0 \\ 4 \\ 1 \\ 5 \\ 4 \end{pmatrix}$$

となる．(ユウコ) と (ジュン) の内積は，

$$\langle (\text{ユウコ}), (\text{ジュン}) \rangle = 14 + 1 + 9 + 3 = 27$$

で，これに一番近い7の倍数は

$$28 = 7 \times 4$$

だから，その差は1だな．相性は良さそうだ．次に (ユウコ) と (トモヒロ) の内積は，

$$\langle (\text{ユウコ}), (\text{トモヒロ}) \rangle = 28 + 1 + 45 + 12 = 86$$

で，これに一番近い7の倍数は

$$84 = 7 \times 12$$

だから，その差は2だ．ということは，ジュンの方が相性が良いという結論になったぞ．

シェ この占いによれば，そういうことでございます．

● 例題 1 の答

ジュン君.

● 相性占い (その 2)

シェ　今度は，生年月日と行列式を用いて，男女の相性を占います．

4 次の行列式を次の方法で作ります．男女のうちどちらか一方の生年月日を表す数字を第 1 行と第 2 行に並べます．たとえば 1985 年 6 月 1 日生まれの人でしたら，第 1 行は

$$(1, 9, 8, 5),$$

第 2 行は

$$(0, 6, 0, 1)$$

とします．

もう一方の人の生年月日を表す数字を第 3 行と第 4 行に並べるのですが，これは右から左に並べます．たとえば 1986 年 2 月 10 日生まれでしたら，第 3 行は

$$(6, 8, 9, 1),$$

第 4 行は

$$(0, 1, 2, 0)$$

となるわけです．

この方法で 4 次の行列式をつくり，その値が ± の符号を除いて大きければ大きいほど，2 人の相性が良い，と判断します．

ただし，行列式の値がちょうど 0 になってしまったときは，この占いでは何もわかりません (例外的なケースで，何も判断できません)．

王様　4 次の行列式を計算するのか．そりゃめんどくさいなあ．

シェ　どんな値が出てくるか，ドキドキしながら計算するのも楽しいものでございますよ．

たとえば 1989 年 5 月 1 日生まれのタクヤ君と，1990 年 12 月 20 日生ま

れのアユミさんとの相性を占ってみましょう．問題の行列式を**相性行列式**とよんで，

$$\begin{vmatrix} タクヤ \\ アユミ \end{vmatrix}$$

という記号で書くことにいたしましょう．そうしますと，

$$\begin{vmatrix} タクヤ \\ アユミ \end{vmatrix} = \begin{vmatrix} 1 & 9 & 8 & 9 \\ 0 & 5 & 0 & 1 \\ 0 & 9 & 9 & 1 \\ 0 & 2 & 2 & 1 \end{vmatrix}$$

となりますので，第1列で余因子展開して，

$$\begin{vmatrix} タクヤ \\ アユミ \end{vmatrix} = \begin{vmatrix} 5 & 0 & 1 \\ 9 & 9 & 1 \\ 2 & 2 & 1 \end{vmatrix}.$$

第1列から第2列を引いて，第1列で展開すると，

$$\begin{vmatrix} タクヤ \\ アユミ \end{vmatrix} = \begin{vmatrix} 5 & 0 & 1 \\ 0 & 9 & 1 \\ 0 & 2 & 1 \end{vmatrix} = 5 \begin{vmatrix} 9 & 1 \\ 2 & 1 \end{vmatrix}$$

$$= 5(9-2) = 35$$

となりますから，

$$\begin{vmatrix} タクヤ \\ アユミ \end{vmatrix} = 35$$

となることがわかります．相性行列式の値が2ケタですから，タクヤ君とアユミさんの相性はまずまずと言えるでしょう．

王様 相性行列式の2人を入れかえて

$$\begin{vmatrix} アユミ \\ タクヤ \end{vmatrix} = \begin{vmatrix} 1 & 9 & 9 & 0 \\ 1 & 2 & 2 & 0 \\ 9 & 8 & 9 & 1 \\ 1 & 0 & 5 & 0 \end{vmatrix}$$

を計算したらどうなるのかな？

シェ 同じ値になります．不思議でございましょう？

●例題 2

1991 年 9 月 5 日生まれのサトシ君には 2 人のガールフレンドがいる．1992 年 1 月 23 日生まれのユキエさんと，1992 年 5 月 19 生まれのアヤさんである．相性占い (その 2) によれば，2 人のうちサトシ君との相性がより良いのはどちらの方か．

王様 おもしろそうだからやってみよう．相性行列式を 2 つ計算すればよいのだな．えーと，

$$\begin{vmatrix} サトシ \\ ユキエ \end{vmatrix} = \begin{vmatrix} 1 & 9 & 9 & 1 \\ 0 & 9 & 0 & 5 \\ 2 & 9 & 9 & 1 \\ 3 & 2 & 1 & 0 \end{vmatrix}.$$

わー，めんどくさいなあ．待てよ，第 3 行から第 1 行を引くと，

$$\begin{vmatrix} サトシ \\ ユキエ \end{vmatrix} = \begin{vmatrix} 1 & 9 & 9 & 1 \\ 0 & 9 & 0 & 5 \\ 1 & 0 & 0 & 0 \\ 3 & 2 & 1 & 0 \end{vmatrix}$$

となるから，第 3 行で展開して，

$$\begin{vmatrix} サトシ \\ ユキエ \end{vmatrix} = \begin{vmatrix} 9 & 9 & 1 \\ 9 & 0 & 5 \\ 2 & 1 & 0 \end{vmatrix}$$

$$= 90 + 9 - 45$$

$$= 54$$

と求まった．もう 1 つの相性行列式は

$$\begin{vmatrix} サトシ \\ アヤ \end{vmatrix} = \begin{vmatrix} 1 & 9 & 9 & 1 \\ 0 & 9 & 0 & 5 \\ 2 & 9 & 9 & 1 \\ 9 & 1 & 5 & 0 \end{vmatrix}$$

となるな．これもさっきと同じように第 3 行から第 1 行を引いて，

$$\begin{vmatrix} サトシ \\ アヤ \end{vmatrix} = \begin{vmatrix} 1 & 9 & 9 & 1 \\ 0 & 9 & 0 & 5 \\ 1 & 0 & 0 & 0 \\ 9 & 1 & 5 & 0 \end{vmatrix}$$

となるから,第3行で展開すると,

$$\begin{vmatrix} サトシ \\ アヤ \end{vmatrix} = \begin{vmatrix} 9 & 9 & 1 \\ 9 & 0 & 5 \\ 1 & 5 & 0 \end{vmatrix}$$

$$= 45 + 45 - 225$$

$$= -135$$

と求まった.ここで2つの相性行列式の値をくらべてみよう.

$$\begin{vmatrix} サトシ \\ ユキエ \end{vmatrix} = 54, \quad \begin{vmatrix} サトシ \\ アヤ \end{vmatrix} = -135.$$

2ケタと3ケタだから,2人とも相性は悪くなさそうだ.±の符号を取ってくらべると,54と135だから135の方が大きい.より相性の良いのはアヤの方だということになった.

シェ　正解でございます.

●例題2の答

アヤさん.

王様　ところで,線形代数を使った相性占いが2つ出て来たが,もし2つの占いで正反対の結果が出たときはどうする？

シェ　そのときは,ご自分のお好きな方を採用なさってはいかがでしょう.「当たるも八卦当たらぬも八卦」でございます.

王様　なるほど！

●宿題 9

(1) 相性占い (その 1) によれば，次の中でもっとも相性の良い男女の組合せは誰と誰か．

　　　　　　カズヨシ (男)　　4 月 30 日生まれ　　B 型
　　　　　　タケシ　 (男)　　12 月 7 日生まれ　　AB 型
　　　　　　アヤカ　 (女)　　7 月 31 日生まれ　　O 型
　　　　　　サワコ　 (女)　　11 月 17 日生まれ　　A 型

(2) 相性占い (その 2) によれば，次の中でもっとも相性の良い男女の組合せは誰と誰か．

　　　　　　シンヤ　 (男)　　1990 年 11 月 1 日生まれ
　　　　　　ユウキ　 (男)　　1990 年 12 月 10 日生まれ
　　　　　　ハナコ　 (女)　　1992 年 1 月 15 日生まれ
　　　　　　リョウコ (女)　　1992 年 2 月 5 日生まれ

● 第十夜

正則行列と逆行列

● 宿題 9 の答

（1） 内積を求めると，
$$\langle (カズヨシ), (アヤカ) \rangle = 40 = 7 \times 6 - 2,$$
$$\langle (カズヨシ), (サワコ) \rangle = 13 = 7 \times 2 - 1,$$
$$\langle (タケシ), (アヤカ) \rangle = 25 = 7 \times 4 - 3,$$
$$\langle (タケシ), (サワコ) \rangle = 60 = 7 \times 9 - 3.$$

もっとも相性の良い男女の組合せは，カズヨシとサワコ．

（2） 相性行列式の値は，

$$\left| \begin{array}{c} シンヤ \\ ハナコ \end{array} \right| = 44, \quad \left| \begin{array}{c} シンヤ \\ リョウコ \end{array} \right| = 43,$$

$$\left| \begin{array}{c} ユウキ \\ ハナコ \end{array} \right| = 44, \quad \left| \begin{array}{c} ユウキ \\ リョウコ \end{array} \right| = 59.$$

もっとも相性の良い男女の組合せは，ユウキとリョウコ．

王様 なんだかもっともらしい占いだったが，ホントに当たるのかなあ．

シェ 当たるも八卦，当たらぬも八卦でございます．

● 単位行列の性質

シェ　単位行列とは何であったか，もう一度復習をしておきましょう．

$$\begin{pmatrix} 1 & 0 \\ 0 & 1 \end{pmatrix}, \quad \begin{pmatrix} 1 & 0 & 0 \\ 0 & 1 & 0 \\ 0 & 0 & 1 \end{pmatrix}$$

のように，対角成分がすべて1で他の成分がすべて0である正方行列を単位行列と申します．

単位行列は，ちょうど数の1と同じような性質をもっています．行列のかけ算を思い出して下さい．

たとえば，2×3 型行列

$$A = \begin{pmatrix} a & b & c \\ d & e & f \end{pmatrix}$$

の右から3次の単位行列

$$\begin{pmatrix} 1 & 0 & 0 \\ 0 & 1 & 0 \\ 0 & 0 & 1 \end{pmatrix}$$

をかけてみましょう．実際に計算すると，

$$A \begin{pmatrix} 1 & 0 & 0 \\ 0 & 1 & 0 \\ 0 & 0 & 1 \end{pmatrix} = \begin{pmatrix} a & b & c \\ d & e & f \end{pmatrix} \begin{pmatrix} 1 & 0 & 0 \\ 0 & 1 & 0 \\ 0 & 0 & 1 \end{pmatrix}$$

$$= \begin{pmatrix} a & b & c \\ d & e & f \end{pmatrix}$$

$$= A$$

となりますから，単位行列を右からかけても A を変えないことがわかります．今度は A の左から2次の単位行列

$$\begin{pmatrix} 1 & 0 \\ 0 & 1 \end{pmatrix}$$

をかけてみます．すると，

$$\begin{pmatrix} 1 & 0 \\ 0 & 1 \end{pmatrix} A = \begin{pmatrix} 1 & 0 \\ 0 & 1 \end{pmatrix} \begin{pmatrix} a & b & c \\ d & e & f \end{pmatrix}$$

$$= \begin{pmatrix} a & b & c \\ d & e & f \end{pmatrix}$$
$$= A$$

となり，やはり A を変えないことがわかります．

このことは一般の型の行列に対して成り立ちます．

行列の右から単位行列をかけても，その行列は変化しない．行列の左から単位行列をかけても，その行列は変化しない．ただし，行列の積が可能であるものとする．

シェ　単位行列は E で表しますので，式で書きますと

$$AE = A, \qquad EA = A$$

となります．

AE の E と EA の E と，同じ記号 E を使っていますが，A が正方行列でないときは AE の E と EA の E とでは次数が違います．もし同じ記号 E を使って混乱がおきるという場合には，E の右下に単位行列の次数をつけて，E_2, E_3, E_n のように表します．

王様　数の 1 はかけ算に関して

$$a \times 1 = a, \qquad 1 \times a = a$$

という性質をもっているから，単位行列が数の 1 に似ている，というのは何となくわかる気がするな．

● 正方行列の逆行列

シェ　さて，A を正方行列といたします．すると A と同じ次数の単位行列 E が，2 つの式

$$AE = A, \qquad EA = A$$

を同時に満たします．

この E が数の 1 に相当するものだとすれば，A の逆数に相当するものは何でしょうか？

王様　数の場合だと，a の逆数というのは，a にかけて 1 になる数のこと，だったな．

シェ　はい．
$$ax = 1$$
を満たす x のことを，a の逆数とよびました．

正方行列 A の逆行列とは，
$$AX = E, \quad XA = E$$
を共に満たす正方行列 X のことである．E は A と同じ次数の単位行列を表す．

シェ　ただし，A の逆行列がいつでも存在するとは限りません．

A の逆行列が存在すれば，ただ一通りに定まります．なぜなら，X と Y が共に A の逆行列だとしますと，
$$AX = E, \quad XA = E$$
$$AY = E, \quad YA = E$$
がすべて成り立ちますから，単位行列の性質と積の結合法則から，
$$X = XE = X(AY) = (XA)Y = EY = Y,$$
すなわち
$$X = Y$$
となって，X と Y が一致するからです．

正方行列の逆行列は，存在すれば一通りに定まる．A の逆行列を A^{-1} で表す．

● 正則行列

シェ　正方行列はいつでも逆行列をもつとは限りません．逆行列をもつ正方行列には名前が付いております．

正方行列が逆行列をもつとき，その正方行列は**正則**であるという．

シェ　正則な行列は線形代数ではとても重要なものです．
　　　与えられた正方行列が正則であるかどうかを判定する方法がありますので，ご説明いたしましょう．

● 積の行列式

シェ　行列の積の行列式について，つぎのことが知られております．

　積の行列式の値は，それぞれの行列式の値の積に等しい．すなわち，同じ次数の正方行列 A, B に対して，
$$|AB| = |A| \cdot |B|$$
が成り立つ．

王様　なるほど．これはおぼえやすい．なんとなく使えそうな感じがする．
シェ　正方行列 A が正則であるとします．すると逆行列 A^{-1} が存在して
$$AA^{-1} = E$$
となりますから，この式の行列式をとりますと，
$$|AA^{-1}| = |E|$$
より，
$$|A| \cdot |A^{-1}| = |E|$$
となりますが，以前ご説明しました通り単位行列 E の行列式の値は 1 ですから，
$$|A| \cdot |A^{-1}| = 1$$
となります．したがって，
$$|A| \neq 0.$$
すなわち，正則な行列の行列式の値は 0 でないことがわかります．
　じつは，このことの逆も成り立つことが知られているのでございます．

（1）　正方行列が正則ならば，その行列式の値は 0 でない．

（2） 正方行列の行列式の値が 0 でないならば，その行列は正則である．

シェ　このことから，正方行列が正則かどうかは，行列式の値がわかれば判定できることになります．

たとえば
$$A = \begin{pmatrix} 1 & 2 \\ 1 & 2 \end{pmatrix}$$
としますと，
$$|A| = \begin{vmatrix} 1 & 2 \\ 1 & 2 \end{vmatrix} = 2 - 2 = 0$$
となりますから，A は正則でないことがわかります．A は逆行列をもたないわけです．

王様　なるほど．では，正則な行列の逆行列はどうやって計算するのかな？

シェ　はい．逆行列の公式がございますので，ご説明いたしましょう．

●逆行列の公式

シェ　まず，正方行列の余因子行列というものを定義いたします．これが少しややこしいのでございます！

　正方行列の**余因子行列**とは，(その行列の) 行列式の各成分の余因子を，行番号と列番号を入れかえた上で並べてできる正方行列のことである．

シェ　A の余因子行列を $\tilde{A}$ で表します．

たとえば 2 次の正方行列
$$\begin{pmatrix} a & b \\ c & d \end{pmatrix}$$
の余因子行列は，
$$\begin{pmatrix} \tilde{a} & \tilde{c} \\ \tilde{b} & \tilde{d} \end{pmatrix} = \begin{pmatrix} d & -b \\ -c & a \end{pmatrix}$$
になります．

3次の正方行列

$$A = \begin{pmatrix} a & b & c \\ d & e & f \\ g & h & i \end{pmatrix}$$

の余因子行列は,

$$\widetilde{A} = \begin{pmatrix} \widetilde{a} & \widetilde{d} & \widetilde{g} \\ \widetilde{b} & \widetilde{e} & \widetilde{h} \\ \widetilde{c} & \widetilde{f} & \widetilde{i} \end{pmatrix}$$

になります.

王様　行と列を入れかえるのか.余因子の計算はプラスマイナスの符号があるから,ますますややこしいな.

シェ　逆行列の公式にまいりましょう.

　　正則行列の逆行列は,余因子行列に行列式の値の逆数をかけたものである.

シェ　正則行列 A の逆行列は,

$$A^{-1} = \frac{1}{|A|} \widetilde{A}$$

と表されます.

王様　行列式の値と余因子行列を計算すれば逆行列が求まるわけだな.

●例題 1

行列式の値と,逆行列を求めよ.

$$A = \begin{pmatrix} 1 & 0 & 5 \\ 1 & -1 & 2 \\ 1 & 2 & -2 \end{pmatrix}$$

王様　行列式の値はサラスの展開で求まりそうだ.どれどれ.

$$|A| = \begin{vmatrix} 1 & 0 & 5 \\ 1 & -1 & 2 \\ 1 & 2 & -2 \end{vmatrix}$$

$$= (-1) \times (-2) + 5 \times 2 - \{(-1) \times 5 + 2 \times 2\}$$

$$= 2 + 10 - (-5 + 4)$$

$$= 13.$$

余因子行列はまだ理解してないな．よくわからん．

シェ とりあえず

$$A^{-1} = \frac{1}{13} \begin{pmatrix} a & b & c \\ d & e & f \\ g & h & i \end{pmatrix}$$

としておいて，$a, b, c, \cdots$ を順に求めてまいりましょう．

まず a ですが，ここは $(1,1)$ 成分ですから行番号と列番号を入れかえてもやはり $(1,1)$ 成分です．そこで $|A|$ の $(1,1)$ 成分の余因子が a になります．

$$a = \begin{vmatrix} -1 & 2 \\ 2 & -2 \end{vmatrix} = 2 - 4 = -2.$$

復習になりますが，$|A|$ の (i,j) 成分の余因子とは，$|A|$ の第 i 行と第 j 列をとりさってできる (2次の) 行列式に $(-1)^{i+j}$ をかけたものでございます．

次に b ですが，ここは $(1,2)$ 成分ですから，番号を入れかえて $|A|$ の $(2,1)$ 成分の余因子になります．

$$b = - \begin{vmatrix} 0 & 5 \\ 2 & -2 \end{vmatrix} = -(-10) = 10.$$

次に c は $(1,3)$ 成分ですから，$|A|$ の $(3,1)$ 成分の余因子をとって，

$$c = \begin{vmatrix} 0 & 5 \\ -1 & 2 \end{vmatrix} = -(-5) = 5.$$

2 行目の d は $(2,1)$ 成分ですから，$|A|$ の $(1,2)$ 成分の余因子をとり，

$$d = - \begin{vmatrix} 1 & 2 \\ 1 & -2 \end{vmatrix} = -(-2-2) = 4.$$

e は $(2,2)$ 成分ですから，

$$e = \begin{vmatrix} 1 & 5 \\ 1 & -2 \end{vmatrix} = -2 - 5 = -7.$$

f は $(2,3)$ 成分なので，$|A|$ の $(3,2)$ 成分の余因子をとって，

$$f = - \begin{vmatrix} 1 & 5 \\ 1 & 2 \end{vmatrix} = -(2-5) = 3.$$

3 行目の g は $(3,1)$ 成分ですから，$|A|$ の $(1,3)$ 成分の余因子をとります．

$$g = \begin{vmatrix} 1 & -1 \\ 1 & 2 \end{vmatrix} = 2 + 1 = 3.$$

h は $(3,2)$ 成分ですから $|A|$ の $(2,3)$ 成分の余因子をとって，

$$h = - \begin{vmatrix} 1 & 0 \\ 1 & 2 \end{vmatrix} = -2.$$

最後に i は $(3,3)$ 成分ですから，

$$i = \begin{vmatrix} 1 & 0 \\ 1 & -1 \end{vmatrix} = -1.$$

これで a から i がすべて求められました．逆行列は

$$A^{-1} = \frac{1}{13} \begin{pmatrix} -2 & 10 & 5 \\ 4 & -7 & 3 \\ 3 & -2 & -1 \end{pmatrix}$$

となります．

王様 うわー，めんどくさいなあ．余因子はプラスマイナスの符号がややこしい上に行番号と列番号を入れかえるからますます混乱する！

シェ いえいえ．一度慣れてしまえば自然に手が動いて計算できるようになり

ますのでご心配には及びません．理屈ではなく，体でおぼえることが大切でございます．

● **検算法**

王様 しかし一箇所でも計算をまちがえたら全体がアウトだろう？

シェ 線形代数の計算は微積とちがって，まちがえてもなかなか気付きにくい，という特徴がございます．そこで，逆行列を求めたけれども本当に計算が合っているのかを確かめる検算の方法をご説明いたします．

A の逆行列を計算して，行列 X になったといたします．この X が本当に A の逆行列なのかどうかを確かめるには，A と X の積を実際に計算して

$$AX = E$$

となることを確認すればよいのです．AX が単位行列にならなければ，どこかに計算ちがいがあることがわかります．あるいは，X と A の積を計算して $XA = E$ となることを確かめてもよいのです．$AX = E$ と $XA = E$ の両方を確認する必要はありません．なぜなら，もし

$$AX = E$$

となったとすると，両辺の行列式をとって

$$|A| \cdot |X| = |E| = 1$$

となるので，

$$|A| \neq 0.$$

したがって A が正則になりますから，

$$AX = E$$

の左から A^{-1} をかけて，

$$A^{-1}AX = A^{-1}E = A^{-1},$$
$$EX = A^{-1},$$
$$X = A^{-1}$$

となって，X が A の逆行列に等しいことがわかるからです．

一般に，行列の積とスカラー倍に関して (k はスカラー)，
$$(kA)B = k(AB),$$
$$A(kB) = k(AB)$$
が成り立ちます．そこでカッコをつけずに
$$k(AB) = kAB$$
と表します．

さて，例題1の答を検算してみましょう．行列
$$A = \begin{pmatrix} 1 & 0 & 5 \\ 1 & -1 & 2 \\ 1 & 2 & -2 \end{pmatrix}$$
の逆行列を計算して
$$\frac{1}{13}\begin{pmatrix} -2 & 10 & 5 \\ 4 & -7 & 3 \\ 3 & -2 & -1 \end{pmatrix}$$
という答が出ました．A の右からこの行列をかけると，スカラーを前に出して
$$\frac{1}{13}\begin{pmatrix} 1 & 0 & 5 \\ 1 & -1 & 2 \\ 1 & 2 & -2 \end{pmatrix}\begin{pmatrix} -2 & 10 & 5 \\ 4 & -7 & 3 \\ 3 & -2 & -1 \end{pmatrix}$$
となります．行列のかけ算を先に計算して，スカラーの $\frac{1}{13}$ をあとからかけることにしますと，
$$\frac{1}{13}\begin{pmatrix} 1 & 0 & 5 \\ 1 & -1 & 2 \\ 1 & 2 & -2 \end{pmatrix}\begin{pmatrix} -2 & 10 & 5 \\ 4 & -7 & 3 \\ 3 & -2 & -1 \end{pmatrix}$$
$$= \frac{1}{13}\begin{pmatrix} 13 & 0 & 0 \\ 0 & 13 & 0 \\ 0 & 0 & 13 \end{pmatrix} = \begin{pmatrix} 1 & 0 & 0 \\ 0 & 1 & 0 \\ 0 & 0 & 1 \end{pmatrix}$$
となって単位行列になりますから，
$$A^{-1} = \frac{1}{13}\begin{pmatrix} -2 & 10 & 5 \\ 4 & -7 & 3 \\ 3 & -2 & -1 \end{pmatrix}$$

であることが確かめられました.

王様 行列にスカラーをかけるというのは,行列のすべての成分にそのスカラーをかける,ということだったな.行列式の場合とまぎらわしい！

シェ おっしゃる通りでございます.

●例題1の答

$|A| = 13$. 逆行列は,

$$A^{-1} = \frac{1}{13}\begin{pmatrix} -2 & 10 & 5 \\ 4 & -7 & 3 \\ 3 & -2 & -1 \end{pmatrix}.$$

●宿題 10

行列式の値と,逆行列を求めよ.検算も行うこと.

(1) $A_1 = \begin{pmatrix} 1 & 1 & 1 \\ 2 & 3 & 4 \\ 5 & 6 & 8 \end{pmatrix}$. (2) $A_2 = \begin{pmatrix} 1 & 0 & -2 \\ -1 & 5 & 1 \\ 2 & -1 & 1 \end{pmatrix}$.

(3) $A_3 = \begin{pmatrix} 2 & 2 & 0 \\ 2 & 1 & 0 \\ 0 & 1 & 1 \end{pmatrix}$. (4) $A_4 = \begin{pmatrix} 1 & 1 & 1 \\ -1 & 1 & -1 \\ 1 & -1 & -1 \end{pmatrix}$.

●第十一夜

逆行列の計算

●宿題 10 の答

$|A_1| = 1, \quad |A_2| = 24, \quad |A_3| = -2, \quad |A_4| = -4.$

$A_1^{-1} = \begin{pmatrix} 0 & -2 & 1 \\ 4 & 3 & -2 \\ -3 & -1 & 1 \end{pmatrix}, \qquad A_2^{-1} = \frac{1}{24}\begin{pmatrix} 6 & 2 & 10 \\ 3 & 5 & 1 \\ -9 & 1 & 5 \end{pmatrix},$

$A_3^{-1} = \begin{pmatrix} -1/2 & 1 & 0 \\ 1 & -1 & 0 \\ -1 & 1 & 1 \end{pmatrix}, \qquad A_4^{-1} = \frac{1}{2}\begin{pmatrix} 1 & 0 & 1 \\ 1 & 1 & 0 \\ 0 & -1 & -1 \end{pmatrix}.$

王様　今夜は英国からスットン卿が訪ねてきた．線形代数のことを聞きたいらしい．彼はボヤッキー男爵の親友で，ワシも英国を訪れたときずいぶん世話になった．

シェ　まあ．スットン卿はホーホケ卿と並んでゴルフの腕前がプロ級とお聞きしましたが，数学がお好きなのでしょうか．

王様　いやあ，そうではあるまい．黄金の間に待たせてある．黒板を入れておいたから，一緒に行こう．

黄金の間にて．スットン卿を「ス卿」と略記させていただきます．

ス卿　王様，こんな時間にお邪魔して申訳ゴザイマセン．
王様　いやいや．英国訪問の折は大変お世話になった．
ス卿　このお部屋はスバラシイ！　黄金の間というだけあってすべてが金ピカでまぶしいくらいデス．先日ボヤッキー男爵が，スカタンの間にはなんにもないとボヤいてイマシタ．
王様　ボヤッキー男爵とはよく会うのかね？
ス卿　ハイ．おとといも一緒にゴルフやりマシタ．そしたらなんと，彼がホールインワンをやってしまいマシタ．ふらふらっと上がってミスショットかと思って見ていたら，途中でスットンと落ちてそのまま入ってしまいマシタ．信じられマセン．
王様　ボヤッキー男爵は悪運が強いのだよ．
ス卿　彼は最近傲慢デス．線形代数をちょっとばかりかじったことを鼻にかけて，オマエは逆行列の計算もできないだろう，と言ってバカにするのデス．くやしいデス．数学の教え方が抜群にお上手だと評判のシェヘラザードさんに，逆行列の計算を習いたいと思って今夜は参上シマシタ．
王様　それは残念．逆行列の計算は昨晩やってしまったところだ．
ス卿　オー，ノー！　何と運が無いのでしょう，信じられマセン．
シェ　いえいえ，そうでもございませんよ．逆行列の計算法はじつはもう1つあるのです．こちらの方が実用的な場合も少なくありません．今夜も逆行列の計算法をお話しいたしましょう．
ス卿　ワンダフル！　これで安心，百万の味方を得た気持ちデス．
シェ　ところで，スットン卿は線形代数のこと，どれくらいご存知でいらっしゃいます？
ス卿　なーんにもワカリマセーン！　あ，でも行列のかけ算ぐらいは知ってマス．単純な計算は得意デスヨ．消費税の計算，スグ出来マス！
シェ　ちょっと苦労なさるかもしれませんが，とにかくやってみましょう．

● 行基本変形

シェ　線形代数の計算の中でよく登場するのが行基本変形で，基本中の基本でございます．

行列につぎの (1), (2), (3) のどれかの操作を行って変形することを，**行基本変形**という．
(１)　ある行に 0 でないスカラーをかける．
(２)　ある行に，他のある行を何倍かしたものを加える (または引く)．
(３)　2 つの行を入れかえる．

ス卿　なんだかややこしいデス．これが基本中の基本なのデスカ？
シェ　はい．具体的な例でご説明いたしましょう．3×2 型の行列

$$\begin{pmatrix} a & b \\ c & d \\ e & f \end{pmatrix}$$

に行基本変形を行うとどうなるでしょうか．行基本変形には (1), (2), (3) の 3 つのタイプがありますので，たとえば次のようになります．

(1) のタイプ．

$$\begin{pmatrix} a & b \\ c & d \\ e & f \end{pmatrix} \xrightarrow{(-2)r_3} \begin{pmatrix} a & b \\ c & d \\ -2e & -2f \end{pmatrix}$$

(2) のタイプ．

$$\begin{pmatrix} a & b \\ c & d \\ e & f \end{pmatrix} \xrightarrow{r_2+3r_1} \begin{pmatrix} a & b \\ c+3a & d+3b \\ e & f \end{pmatrix}$$

(3) のタイプ．

$$\begin{pmatrix} a & b \\ c & d \\ e & f \end{pmatrix} \xrightarrow{r_2 \leftrightarrow r_3} \begin{pmatrix} a & b \\ e & f \\ c & d \end{pmatrix}$$

王様　矢印の下にある記号の意味は？
シェ　はい．まず第 1 行を r_1，第 2 行を r_2，第 3 行を r_3 で表しています．(1)

のタイプの $(-2)r_3$ というのは，第3行にスカラーの (-2) をかける，という意味です．(2) のタイプの $r_2 + 3r_1$ というのは，第2行に第1行を3倍して加える，という意味ですので，$(3a, 3b)$ を (c, d) に加えて，行列の第2行が

$$(c+3a, d+3b)$$

に変わることになります．(3) のタイプの $r_2 \leftrightarrow r_3$ というのは，第2行と第3行を入れかえる，という意味でございます．

ス卿　ナルホド．行基本変形には3つのタイプがある，ということはわかりマシタ．

● 基本行列

シェ　つぎに，基本行列とよばれる正方行列について，ご説明いたします．

単位行列に，行基本変形を1回行ってえられる行列を，**基本行列**という．

ス卿　単位行列というのは，

$$\begin{pmatrix} 1 & 0 \\ 0 & 1 \end{pmatrix}, \begin{pmatrix} 1 & 0 & 0 \\ 0 & 1 & 0 \\ 0 & 0 & 1 \end{pmatrix}$$

などのことですネ？

シェ　はい．行基本変形には3つのタイプがありますから，それに対応して基本行列にも3つのタイプがございます．

2次の基本行列をすべて書き出してみましょう．単位行列

$$\begin{pmatrix} 1 & 0 \\ 0 & 1 \end{pmatrix}$$

に行基本変形を行うわけです．

(1) のタイプの基本行列．

$$\begin{pmatrix} a & 0 \\ 0 & 1 \end{pmatrix} \quad \text{ただし } a \neq 0.$$

$$\begin{pmatrix} 1 & 0 \\ 0 & b \end{pmatrix} \qquad \text{ただし } b \neq 0.$$

(2) のタイプの基本行列.

$$\begin{pmatrix} 1 & c \\ 0 & 1 \end{pmatrix}, \quad \begin{pmatrix} 1 & 0 \\ d & 1 \end{pmatrix}.$$

(3) のタイプの基本行列.

$$\begin{pmatrix} 0 & 1 \\ 1 & 0 \end{pmatrix}.$$

以上が2次の基本行列のすべて,ということになります.

王様 (2) のタイプの c, d は 0 でもかまわないのかね?

シェ はい.単位行列も基本行列の1つになります.

3次の基本行列も,すべて書き出しておきましょう.単位行列

$$\begin{pmatrix} 1 & 0 & 0 \\ 0 & 1 & 0 \\ 0 & 0 & 1 \end{pmatrix}$$

に行基本変形を行います.

(1) のタイプの基本行列.

$$\begin{pmatrix} a & 0 & 0 \\ 0 & 1 & 0 \\ 0 & 0 & 1 \end{pmatrix} \quad (a \neq 0),$$

$$\begin{pmatrix} 1 & 0 & 0 \\ 0 & b & 0 \\ 0 & 0 & 1 \end{pmatrix} \quad (b \neq 0),$$

$$\begin{pmatrix} 1 & 0 & 0 \\ 0 & 1 & 0 \\ 0 & 0 & c \end{pmatrix} \quad (c \neq 0).$$

(2) のタイプの基本行列.

$$\begin{pmatrix} 1 & d & 0 \\ 0 & 1 & 0 \\ 0 & 0 & 1 \end{pmatrix}, \quad \begin{pmatrix} 1 & 0 & e \\ 0 & 1 & 0 \\ 0 & 0 & 1 \end{pmatrix},$$

$$\begin{pmatrix} 1 & 0 & 0 \\ f & 1 & 0 \\ 0 & 0 & 1 \end{pmatrix}, \quad \begin{pmatrix} 1 & 0 & 0 \\ 0 & 1 & g \\ 0 & 0 & 1 \end{pmatrix},$$

$$\begin{pmatrix} 1 & 0 & 0 \\ 0 & 1 & 0 \\ h & 0 & 1 \end{pmatrix}, \begin{pmatrix} 1 & 0 & 0 \\ 0 & 1 & 0 \\ 0 & i & 1 \end{pmatrix}.$$

(3) のタイプの基本行列.

$$\begin{pmatrix} 0 & 1 & 0 \\ 1 & 0 & 0 \\ 0 & 0 & 1 \end{pmatrix}, \begin{pmatrix} 0 & 0 & 1 \\ 0 & 1 & 0 \\ 1 & 0 & 0 \end{pmatrix}, \begin{pmatrix} 1 & 0 & 0 \\ 0 & 0 & 1 \\ 0 & 1 & 0 \end{pmatrix}.$$

以上が3次の基本行列でございます.スットン卿,いかがでございます?

ス卿　とってもよくわかりマシタ.基本行列は完璧デス!

● 行基本変形と基本行列

シェ　行基本変形と基本行列とは密接な関係がございます.

　行列に行基本変形を行うことと,その行列の左から基本行列のどれかをかけることとは同じである.

シェ　簡単な例をあげておきましょう.

(1) のタイプ.

$$\begin{pmatrix} 1 & 0 & 0 \\ 0 & 1 & 0 \\ 0 & 0 & -2 \end{pmatrix} \begin{pmatrix} a & b \\ c & d \\ e & f \end{pmatrix} = \begin{pmatrix} a & b \\ c & d \\ -2e & -2f \end{pmatrix}.$$

(2) のタイプ.

$$\begin{pmatrix} 1 & 0 & 0 \\ 3 & 1 & 0 \\ 0 & 0 & 1 \end{pmatrix} \begin{pmatrix} a & b \\ c & d \\ e & f \end{pmatrix} = \begin{pmatrix} a & b \\ 3a+c & 3b+d \\ e & f \end{pmatrix}.$$

(3) のタイプ.

$$\begin{pmatrix} 1 & 0 & 0 \\ 0 & 0 & 1 \\ 0 & 1 & 0 \end{pmatrix} \begin{pmatrix} a & b \\ c & d \\ e & f \end{pmatrix} = \begin{pmatrix} a & b \\ e & f \\ c & d \end{pmatrix}.$$

王様　なるほど.行基本変形と,左から基本行列をかけることが同じなのか.
　　　しかしそれがどうして逆行列の計算に結びつくのかな?

シェ　そこが面白いところでございます!

●逆行列の計算

シェ　A を正方行列といたします．A から出発して，行基本変形を何回か行ったら単位行列 E になったといたします．行基本変形は左から基本行列をかけることで表されますから，A の左から基本行列を何個かかけたら E になるはずです．すなわち，適当な基本行列 $P_1, P_2, \cdots, P_k$ をとれば，
$$P_k \cdots P_2 P_1 A = E$$
となるはずです．ここで
$$P = P_k \cdots P_2 P_1$$
とおけば，
$$PA = E$$
となりますから，両辺の行列式をとって
$$|PA| = |E| = 1.$$
したがって
$$|P| \cdot |A| = 1$$
となりますから，
$$|A| \neq 0$$
となって A が正則であることがわかります．そこで A の逆行列 A^{-1} が存在することが判明しましたので，それを
$$PA = E$$
の右からかけますと，
$$PAA^{-1} = EA^{-1} = A^{-1},$$
したがって
$$PE = A^{-1}$$
となります．さてここで，
$$PA = E, \quad PE = A^{-1}$$
の2つの式をくらべてみましょう．P の定義は
$$P = P_k \cdots P_2 P_1$$

でしたから，
$$P_k \cdots P_2 P_1 A = E,$$
$$P_k \cdots P_2 P_1 E = A^{-1}$$
となります．この2つの式をよーく見て下さい．

王様 なるほど．何となくわかってきたぞ．

シェ A を E まで変形するのと同じ行基本変形を E から出発して行うと，逆行列 A^{-1} がえられることを示しています．

　正方行列から出発して，行基本変形を何度か行って単位行列になったとする．このときその正方行列は正則で，同じ行基本変形を単位行列から出発して行うと，逆行列がえられる．

シェ A の右側に E を書いて横長の行列をつくり，同時に変形していきます．左側が E になったら，そのときの右側の行列が A^{-1} になります．
　左側の行列のある行の成分がすべて 0 になったときは，A は正則ではありません（A^{-1} が存在しません）．

ス卿 計算法はよくわかりマシタ．でもかなりメンドクサイみたいデスネ！

シェ 実際にやってみましょう．

●例題1

逆行列を求めよ．
$$A = \begin{pmatrix} 1 & 2 \\ 3 & 4 \end{pmatrix}.$$

シェ A が2次の正方行列ですから，単位行列も2次の正方行列
$$E = \begin{pmatrix} 1 & 0 \\ 0 & 1 \end{pmatrix}$$
をとります．

　A の右に E を並べて，2×4 型の行列

$$\begin{pmatrix} 1 & 2 & | & 1 & 0 \\ 3 & 4 & | & 0 & 1 \end{pmatrix}$$

を作ります．まん中のタテ線は念のために書いたもので，無くても構いません．

まず第2行から第1行を3倍して引きます．

$$\begin{pmatrix} 1 & 2 & | & 1 & 0 \\ 3 & 4 & | & 0 & 1 \end{pmatrix} \xrightarrow{r_2 - 3r_1} \begin{pmatrix} 1 & 2 & | & 1 & 0 \\ 0 & -2 & | & -3 & 1 \end{pmatrix}$$

つぎに，第1行に第2行を加えます．

$$\xrightarrow{r_1 + r_2} \begin{pmatrix} 1 & 0 & | & -2 & 1 \\ 0 & -2 & | & -3 & 1 \end{pmatrix}$$

第2行に $\left(-\dfrac{1}{2}\right)$ をかけます．

$$\xrightarrow{\left(-\frac{1}{2}\right)r_2} \begin{pmatrix} 1 & 0 & | & -2 & 1 \\ 0 & 1 & | & 3/2 & -1/2 \end{pmatrix}.$$

これで左側が単位行列になりました．A は正則で，右側の行列が A^{-1} になります．

$$A^{-1} = \begin{pmatrix} -2 & 1 \\ 3/2 & -1/2 \end{pmatrix} = \frac{1}{2} \begin{pmatrix} -4 & 2 \\ 3 & -1 \end{pmatrix}.$$

●例題1の答

$A^{-1} = \dfrac{1}{2} \begin{pmatrix} -4 & 2 \\ 3 & -1 \end{pmatrix}.$

ス卿　手品を見ているようデス．左側を単位行列にするには，どうしたらイイノデスカ？

シェ　ガイドラインみたいなものはあるのですが，やはり体で覚える，というか，慣れてしまうのが一番でございます．

●例題2

逆行列を求めよ．

$$A = \begin{pmatrix} 1 & 1 & 1 \\ 1 & 1 & 2 \\ 1 & 2 & 2 \end{pmatrix}.$$

王様 ワシがやってみよう．今度は 3 次だから，単位行列は

$$E = \begin{pmatrix} 1 & 0 & 0 \\ 0 & 1 & 0 \\ 0 & 0 & 1 \end{pmatrix}$$

になる．A の右に E を並べて，

$$\left(\begin{array}{ccc|ccc} 1 & 1 & 1 & 1 & 0 & 0 \\ 1 & 1 & 2 & 0 & 1 & 0 \\ 1 & 2 & 2 & 0 & 0 & 1 \end{array} \right)$$

となるから，この左側が E になるように変形していけばよい．第 1 行を，第 2 行と第 3 行から引くと，

$$\xrightarrow[r_3 - r_1]{r_2 - r_1} \left(\begin{array}{ccc|ccc} 1 & 1 & 1 & 1 & 0 & 0 \\ 0 & 0 & 1 & -1 & 1 & 0 \\ 0 & 1 & 1 & -1 & 0 & 1 \end{array} \right)$$

第 2 行と第 3 行を入れかえて，

$$\xrightarrow[r_2 \leftrightarrow r_3]{} \left(\begin{array}{ccc|ccc} 1 & 1 & 1 & 1 & 0 & 0 \\ 0 & 1 & 1 & -1 & 0 & 1 \\ 0 & 0 & 1 & -1 & 1 & 0 \end{array} \right)$$

となる．

ス卿 ナルホド！ 単位行列に近づいてキマシタ．

王様 どうやらできそうだ．第 1 行から第 2 行を引いて，

$$\xrightarrow[r_1 - r_2]{} \left(\begin{array}{ccc|ccc} 1 & 0 & 0 & 2 & 0 & -1 \\ 0 & 1 & 1 & -1 & 0 & 1 \\ 0 & 0 & 1 & -1 & 1 & 0 \end{array} \right)$$

第 2 行から第 3 行を引いて，

$$\xrightarrow[r_2 - r_3]{} \left(\begin{array}{ccc|ccc} 1 & 0 & 0 & 2 & 0 & -1 \\ 0 & 1 & 0 & 0 & -1 & 1 \\ 0 & 0 & 1 & -1 & 1 & 0 \end{array} \right).$$

左側が E になったので，

$$A^{-1} = \begin{pmatrix} 2 & 0 & -1 \\ 0 & -1 & 1 \\ -1 & 1 & 0 \end{pmatrix}.$$

できたできた!

ス卿 スバラシイ! 王様は天才デスネ!

王様 検算もしておこう.

$$\begin{pmatrix} 1 & 1 & 1 \\ 1 & 1 & 2 \\ 1 & 2 & 2 \end{pmatrix} \begin{pmatrix} 2 & 0 & -1 \\ 0 & -1 & 1 \\ -1 & 1 & 0 \end{pmatrix} = \begin{pmatrix} 1 & 0 & 0 \\ 0 & 1 & 0 \\ 0 & 0 & 1 \end{pmatrix}.$$

OK だ.

シェ お見事でございます.

●例題 2 の答

$$A^{-1} = \begin{pmatrix} 2 & 0 & -1 \\ 0 & -1 & 1 \\ -1 & 1 & 0 \end{pmatrix}.$$

シェ 理屈よりも体で覚えることが大切でございます. ではもう一問.

●例題 3

逆行列を求めよ.

$$A = \begin{pmatrix} 2 & 1 & 1 \\ 1 & 2 & 1 \\ 0 & 1 & 2 \end{pmatrix}.$$

シェ スットン卿, いかがでございます?

ス卿 A の右に E を書いて,

$$\left(\begin{array}{ccc|ccc} 2 & 1 & 1 & 1 & 0 & 0 \\ 1 & 2 & 1 & 0 & 1 & 0 \\ 0 & 1 & 2 & 0 & 0 & 1 \end{array}\right)$$

この左側を E にするのデスネ．さっきの例題を解くとき，王様はまず一番左の列を
$$\begin{pmatrix} 1 \\ 0 \\ 0 \end{pmatrix}$$
にして，次にその右の列を
$$\begin{pmatrix} 0 \\ 1 \\ 0 \end{pmatrix}$$
にして，最後にその右の列を
$$\begin{pmatrix} 0 \\ 0 \\ 1 \end{pmatrix}$$
にして，うまく行きマシタ．今度も同じ作戦で行きマショウ！まず
$$\begin{pmatrix} 2 & 1 & 1 & | & 1 & 0 & 0 \\ 1 & 2 & 1 & | & 0 & 1 & 0 \\ 0 & 1 & 2 & | & 0 & 0 & 1 \end{pmatrix}$$
の第1行から第2行を引きマス．
$$\xrightarrow[r_1-r_2]{} \begin{pmatrix} 1 & -1 & 0 & | & 1 & -1 & 0 \\ 1 & 2 & 1 & | & 0 & 1 & 0 \\ 0 & 1 & 2 & | & 0 & 0 & 1 \end{pmatrix}$$
つぎに，第2行から第1行を引きマス．
$$\xrightarrow[r_2-r_1]{} \begin{pmatrix} 1 & -1 & 0 & | & 1 & -1 & 0 \\ 0 & 3 & 1 & | & -1 & 2 & 0 \\ 0 & 1 & 2 & | & 0 & 0 & 1 \end{pmatrix}$$
これで一番左側が $1,0,0$ になりマシタ．

シェ　なるほど．

ス卿　次に第2行と第3行を入れかえマス．
$$\xrightarrow[r_2\leftrightarrow r_3]{} \begin{pmatrix} 1 & -1 & 0 & | & 1 & -1 & 0 \\ 0 & 1 & 2 & | & 0 & 0 & 1 \\ 0 & 3 & 1 & | & -1 & 2 & 0 \end{pmatrix}$$

第1行に第2行を加えマス.
$$\xrightarrow[r_1+r_2]{} \begin{pmatrix} 1 & 0 & 2 & | & 1 & -1 & 1 \\ 0 & 1 & 2 & | & 0 & 0 & 1 \\ 0 & 3 & 1 & | & -1 & 2 & 0 \end{pmatrix}$$

第3行から，第2行を3倍したものを引きマス.
$$\xrightarrow[r_3-3r_2]{} \begin{pmatrix} 1 & 0 & 2 & | & 1 & -1 & 1 \\ 0 & 1 & 2 & | & 0 & 0 & 1 \\ 0 & 0 & -5 & | & -1 & 2 & -3 \end{pmatrix}$$

これで2列目が $0,1,0$ になりマシタ.

王様 すごいすごい. なんだか見えてきたぞ.

ス卿 アレ？ 困ったナ. 3列目を $0,0,1$ にしたいのだケド.

シェ 分数計算も，やむをえませんね.

ス卿 わかりマシタ. 第3行に $\left(-\dfrac{1}{5}\right)$ をかけマス.

$$\xrightarrow[\left(-\frac{1}{5}\right)r_3]{} \begin{pmatrix} 1 & 0 & 2 & | & 1 & -1 & 1 \\ 0 & 1 & 2 & | & 0 & 0 & 1 \\ 0 & 0 & 1 & | & 1/5 & -2/5 & 3/5 \end{pmatrix}$$

第1行から，第3行を2倍したものを引きマス.

$$\xrightarrow[r_1-2r_3]{} \begin{pmatrix} 1 & 0 & 0 & | & 3/5 & -1/5 & -1/5 \\ 0 & 1 & 2 & | & 0 & 0 & 1 \\ 0 & 0 & 1 & | & 1/5 & -2/5 & 3/5 \end{pmatrix}$$

第2行から，第3行を2倍して引きマス.

$$\xrightarrow[r_2-2r_3]{} \begin{pmatrix} 1 & 0 & 0 & | & 3/5 & -1/5 & -1/5 \\ 0 & 1 & 0 & | & -2/5 & 4/5 & -1/5 \\ 0 & 0 & 1 & | & 1/5 & -2/5 & 3/5 \end{pmatrix}.$$

これで左側が E になりマシタ. したがって逆行列は

$$A^{-1} = \begin{pmatrix} 3/5 & -1/5 & -1/5 \\ -2/5 & 4/5 & -1/5 \\ 1/5 & -2/5 & 3/5 \end{pmatrix} = \frac{1}{5}\begin{pmatrix} 3 & -1 & -1 \\ -2 & 4 & -1 \\ 1 & -2 & 3 \end{pmatrix}$$

となりマス！

王様 お見事！ 検算もしておこう.

ス卿 ハイ. A の右から上の行列をかけて，

$$\frac{1}{5}\begin{pmatrix} 2 & 1 & 1 \\ 1 & 2 & 1 \\ 0 & 1 & 2 \end{pmatrix} \begin{pmatrix} 3 & -1 & -1 \\ -2 & 4 & -1 \\ 1 & -2 & 3 \end{pmatrix}$$

$$= \frac{1}{5}\begin{pmatrix} 5 & 0 & 0 \\ 0 & 5 & 0 \\ 0 & 0 & 5 \end{pmatrix} = \begin{pmatrix} 1 & 0 & 0 \\ 0 & 1 & 0 \\ 0 & 0 & 1 \end{pmatrix}.$$

OK デス！

●例題 3 の答

$$A^{-1} = \frac{1}{5}\begin{pmatrix} 3 & -1 & -1 \\ -2 & 4 & -1 \\ 1 & -2 & 3 \end{pmatrix}.$$

シェ　次の問題はいかがでしょう．

●例題 4

逆行列を求めよ．

$$A = \begin{pmatrix} 1 & 1 & 0 & 0 \\ 0 & 1 & 1 & 0 \\ 0 & 0 & 1 & 1 \\ 0 & 0 & 0 & 1 \end{pmatrix}.$$

王様　今度は 4 次の行列か．めんどくさそうだなあ．

シェ　そんなに難しくはございませんよ．

ス卿　ちょっと待って下サイ．ひらめきマシタ！　なんだかできそうな気がしマスヨ．まず行列

$$\left(\begin{array}{cccc|cccc} 1 & 1 & 0 & 0 & 1 & 0 & 0 & 0 \\ 0 & 1 & 1 & 0 & 0 & 1 & 0 & 0 \\ 0 & 0 & 1 & 1 & 0 & 0 & 1 & 0 \\ 0 & 0 & 0 & 1 & 0 & 0 & 0 & 1 \end{array}\right)$$

の第 1 行から第 2 行を引きマス．

$$\xrightarrow[r_1-r_2]{} \begin{pmatrix} 1 & 0 & -1 & 0 & | & 1 & -1 & 0 & 0 \\ 0 & 1 & 1 & 0 & | & 0 & 1 & 0 & 0 \\ 0 & 0 & 1 & 1 & | & 0 & 0 & 1 & 0 \\ 0 & 0 & 0 & 1 & | & 0 & 0 & 0 & 1 \end{pmatrix}$$

第 1 行に第 3 行を加えマス．

$$\xrightarrow[r_1+r_3]{} \begin{pmatrix} 1 & 0 & 0 & 1 & | & 1 & -1 & 1 & 0 \\ 0 & 1 & 1 & 0 & | & 0 & 1 & 0 & 0 \\ 0 & 0 & 1 & 1 & | & 0 & 0 & 1 & 0 \\ 0 & 0 & 0 & 1 & | & 0 & 0 & 0 & 1 \end{pmatrix}$$

第 2 行から第 3 行を引きマス．

$$\xrightarrow[r_2-r_3]{} \begin{pmatrix} 1 & 0 & 0 & 1 & | & 1 & -1 & 1 & 0 \\ 0 & 1 & 0 & -1 & | & 0 & 1 & -1 & 0 \\ 0 & 0 & 1 & 1 & | & 0 & 0 & 1 & 0 \\ 0 & 0 & 0 & 1 & | & 0 & 0 & 0 & 1 \end{pmatrix}$$

第 4 行を，第 1 行から引き，第 2 行に加え，第 3 行から引きマス．

$$\xrightarrow[\substack{r_1-r_4 \\ r_2+r_4 \\ r_3-r_4}]{} \begin{pmatrix} 1 & 0 & 0 & 0 & | & 1 & -1 & 1 & -1 \\ 0 & 1 & 0 & 0 & | & 0 & 1 & -1 & 1 \\ 0 & 0 & 1 & 0 & | & 0 & 0 & 1 & -1 \\ 0 & 0 & 0 & 1 & | & 0 & 0 & 0 & 1 \end{pmatrix}.$$

これで左半分が単位行列になりましたから，逆行列は

$$A^{-1} = \begin{pmatrix} 1 & -1 & 1 & -1 \\ 0 & 1 & -1 & 1 \\ 0 & 0 & 1 & -1 \\ 0 & 0 & 0 & 1 \end{pmatrix}$$

となりマシタ．念のため検算してみまショウ．

$$\begin{pmatrix} 1 & 1 & 0 & 0 \\ 0 & 1 & 1 & 0 \\ 0 & 0 & 1 & 1 \\ 0 & 0 & 0 & 1 \end{pmatrix} \begin{pmatrix} 1 & -1 & 1 & -1 \\ 0 & 1 & -1 & 1 \\ 0 & 0 & 1 & -1 \\ 0 & 0 & 0 & 1 \end{pmatrix} = \begin{pmatrix} 1 & 0 & 0 & 0 \\ 0 & 1 & 0 & 0 \\ 0 & 0 & 1 & 0 \\ 0 & 0 & 0 & 1 \end{pmatrix}.$$

OK デス！

シェ すばらしい！ スットン卿は数学の天才かもしれません．

ス卿 本当デスカ？

シェ おせじでございます．

●例題 4 の答

$$A^{-1} = \begin{pmatrix} 1 & -1 & 1 & -1 \\ 0 & 1 & -1 & 1 \\ 0 & 0 & 1 & -1 \\ 0 & 0 & 0 & 1 \end{pmatrix}.$$

シェ　逆行列をもたないケースについても，1 つ例をあげておきましょう．

$$B = \begin{pmatrix} 1 & 2 & 3 \\ 4 & 5 & 6 \\ 7 & 8 & 9 \end{pmatrix}$$

とおいて，B の逆行列を求めてみることにします．

行列

$$\left(\begin{array}{ccc|ccc} 1 & 2 & 3 & 1 & 0 & 0 \\ 4 & 5 & 6 & 0 & 1 & 0 \\ 7 & 8 & 9 & 0 & 0 & 1 \end{array} \right)$$

の第 2 行から第 1 行を 4 倍したものを引き，第 3 行から第 1 行を 7 倍したものを引きます．

$$\xrightarrow[r_3-7r_1]{r_2-4r_1} \left(\begin{array}{ccc|ccc} 1 & 2 & 3 & 1 & 0 & 0 \\ 0 & -3 & -6 & -4 & 1 & 0 \\ 0 & -6 & -12 & -7 & 0 & 1 \end{array} \right)$$

第 3 行から第 2 行を 2 倍したものを引いて，

$$\xrightarrow{r_3-2r_2} \left(\begin{array}{ccc|ccc} 1 & 2 & 3 & 1 & 0 & 0 \\ 0 & -3 & -6 & -4 & 1 & 0 \\ 0 & 0 & 0 & 1 & -2 & 1 \end{array} \right).$$

ここで左側の行列の第 3 行が

$$(0, 0, 0)$$

になりました．左側の行列のある行の成分がすべて 0 になったときは，もとの行列は正則ではなく，逆行列は存在しません．したがってこのケースでは，B は正則でなく，B^{-1} は存在しません．

王様　なるほど．この計算法は行列式を使わないところが面白いな．

シェ　スットン卿，逆行列の計算法，おわかりいただけましたでしょうか？

ス卿 もうバッチリ，自信がつきマシタ！ もうボヤッキー男爵に大きなコト言わせマセン．ホーホケ卿にも自慢してやりマス！ シェヘラザードさん，ほんとにほんとにありがとゴザイマス！

● 宿題 11

逆行列を求めよ．検算も行うこと．

(1) $A_1 = \begin{pmatrix} 1 & 0 & 1 \\ 0 & 1 & 0 \\ 1 & 0 & 2 \end{pmatrix}$. (2) $A_2 = \begin{pmatrix} 1 & 0 & 1 \\ 1 & 0 & 3 \\ 0 & 2 & 0 \end{pmatrix}$.

(3) $A_3 = \begin{pmatrix} 2 & 2 & 2 \\ 2 & 2 & 1 \\ 2 & 1 & 1 \end{pmatrix}$. (4) $A_4 = \begin{pmatrix} 1 & 0 & 0 & 0 \\ -1 & 1 & 0 & 0 \\ 1 & -1 & 1 & 0 \\ 0 & 1 & -1 & 1 \end{pmatrix}$.

● 第十二夜

階数の計算

●宿題 11 の答

(1) $A_1^{-1} = \begin{pmatrix} 2 & 0 & -1 \\ 0 & 1 & 0 \\ -1 & 0 & 1 \end{pmatrix}$.

(2) $A_2^{-1} = \dfrac{1}{2}\begin{pmatrix} 3 & -1 & 0 \\ 0 & 0 & 1 \\ -1 & 1 & 0 \end{pmatrix}$.

(3) $A_3^{-1} = \dfrac{1}{2}\begin{pmatrix} -1 & 0 & 2 \\ 0 & 2 & -2 \\ 2 & -2 & 0 \end{pmatrix}$.

(4) $A_4^{-1} = \begin{pmatrix} 1 & 0 & 0 & 0 \\ 1 & 1 & 0 & 0 \\ 0 & 1 & 1 & 0 \\ -1 & 0 & 1 & 1 \end{pmatrix}$.

王様　宿題の (4) は簡単にできたと思って検算を省略したら，一箇所まちがえてしまった．やはり検算はしておくものだな．

シェ　はい．それにしてもスットン卿は大層喜んでおられましたね．
王様　ホーホケ卿に自慢すると言っていた．どうやら人助けにはなったようだ．
シェ　今夜は第十二夜でございます．
王様　シェイクスピアの勉強でもするのかね？
シェ　いえいえ．行列の階数のお話をいたします．
王様　かいすう？　なんだそりゃ？
シェ　行列の階数と申しますのは，理系の大学生でもなかなか理解できない，かなりやっかいなものでございます．定義を忘れないために，とりあえず

$$階数 = 階段の数$$

とおぼえて下さいませ．
王様　階段の数が階数か．読んで字のごとしだから，これならおぼえられそうだ．

● 零行列

シェ　たとえば

$$\begin{pmatrix} 0 & 0 \\ 0 & 0 \end{pmatrix}, \begin{pmatrix} 0 & 0 \\ 0 & 0 \\ 0 & 0 \end{pmatrix}, \begin{pmatrix} 0 & 0 & 0 \\ 0 & 0 & 0 \end{pmatrix}$$

などのように，成分がすべて 0 である行列を **零行列** と申します．零行列を O で表します．行列の型は，通常の場合明示しません．A と O が同じ型のとき

$$A + O = A$$

が成り立ちますから，零行列は数の 0 に相当する行列でございます．

● 階段行列

シェ　階段行列という特別な行列がございます．
王様　階段て，昇ったり降りたりする階段のこと？
シェ　はい．ただこの階段は上にへばりついています．コウモリの家みたいに，

上下をひっくり返してお考え下さい.

第1行, 第2行, …と上から順に各行を見ていくとき, 行の左から連続して並ぶ0の数が増加していき, もし成分がすべて0の行が出てきたら, それより下の行の成分はすべて0である, という行列を**階段行列**という. 階段行列において, 0でない成分をもつ行の数をその階段行列の**階数**という.

シェ　たとえば

$$\begin{pmatrix} 5 & 9 & 6 & 3 \\ 0 & 0 & 5 & 0 \\ 0 & 0 & 0 & -1 \\ 0 & 0 & 0 & 0 \\ 0 & 0 & 0 & 0 \end{pmatrix}$$

という行列において, 左から連続して並ぶ0の数は, 第1行が0, 第2行が2, 第3行が3, と増加していきます. 第4行で成分がすべて0の行が出てきました. それより下の行の成分はすべて0になっていますから, この行列は階段行列です. 階段を書き入れてみましょう.

$$\begin{pmatrix} 5 & 9 & 6 & 3 \\ 0 & 0 & \boxed{5} & 0 \\ 0 & 0 & 0 & \boxed{-1} \\ 0 & 0 & 0 & 0 \\ 0 & 0 & 0 & 0 \end{pmatrix}$$

コウモリの家のように, 上下が逆になっていますが, 階段が3段あります. 階段行列の階数とは, 階段の個数と同じですから, この階段行列の階数は3となります.

王様　なるほど. 文字通り, 階段の数が階数か.

シェ　零行列も階段行列です. 階段の数が0ですから, 零行列の階数は0になります.

もう少し, 例をあげておきましょう.

$$\begin{pmatrix} 0 & 0 & -1 \\ 0 & 0 & 0 \end{pmatrix}, \begin{pmatrix} 2 & 1 \\ 0 & 0 \\ 0 & 0 \end{pmatrix}, \begin{pmatrix} 7 & 1 & 0 \\ 0 & 0 & 1 \\ 0 & 0 & 0 \end{pmatrix},$$

$$\begin{pmatrix} 7 & 1 & 0 \\ 0 & 1 & 0 \\ 0 & 0 & 0 \end{pmatrix}, \quad \begin{pmatrix} 1 & 0 & 0 \\ 0 & 1 & 0 \\ 0 & 0 & 1 \end{pmatrix}.$$

以上はいずれも階段行列になります．階段を書き入れますと，

$$\begin{pmatrix} 0 & 0 & -1 \\ 0 & 0 & 0 \end{pmatrix}, \quad \begin{pmatrix} 2 & 1 \\ 0 & 0 \\ 0 & 0 \end{pmatrix}, \quad \begin{pmatrix} 7 & 1 & 0 \\ 0 & 0 & 1 \\ 0 & 0 & 0 \end{pmatrix},$$

$$\begin{pmatrix} 7 & 1 & 0 \\ 0 & 1 & 0 \\ 0 & 0 & 0 \end{pmatrix}, \quad \begin{pmatrix} 1 & 0 & 0 \\ 0 & 1 & 0 \\ 0 & 0 & 1 \end{pmatrix}$$

となって，階数 (すなわち階段の数) はそれぞれ

$$1, \quad 1, \quad 2, \quad 2, \quad 3$$

となります．

一方，

$$\begin{pmatrix} 1 & 1 & 2 & 0 \\ 0 & 2 & 1 & -1 \\ 0 & -1 & 0 & 1 \\ 0 & 0 & 5 & 0 \end{pmatrix}$$

は階段行列ではありません．

王様 そうかな？

$$\begin{pmatrix} 1 & 1 & 2 & 0 \\ 0 & 2 & 1 & -1 \\ 0 & -1 & 0 & 1 \\ 0 & 0 & 5 & 0 \end{pmatrix}$$

というふうに階段が書けるぞ！

シェ 2つ目の階段が2段とびになってしまいます．各行の左から連続して並ぶ0の数を見ていきますと，上から順に

$$0, \quad 1, \quad 1, \quad 2$$

となって，0から1では増加していますが，次は1から1で増加していないので，階段行列になりません．

2段とびはダメなのでございます．

あるいは，

$$\begin{pmatrix} 1 & 1 & 2 & 0 \\ 0 & 2 & 1 & -1 \\ 0 & 0 & 0 & 0 \\ 0 & 0 & 1 & 0 \end{pmatrix}$$

も階段行列ではありません．3行目で成分がすべて0になっているのに，それより下に0でない成分があるからです．

● 階段行列への変形

シェ 次に，与えられた行列を，行基本変形を使って階段行列まで変形する，というお話をいたします．

王様 行基本変形って何だっけ？

シェ 復習をしておきましょう．行基本変形には3種類ありました．
 (1) ある行に0でないスカラーをかける．
 (2) ある行に，他のある行を何倍かしたものを加える (または引く)．
 (3) 2つの行を入れかえる．

王様 思い出した．基本中の基本だったな．

　行列は，行基本変形を何回か行うことにより，階段行列まで変形することができる．

シェ 階段行列まで変形する方法は一通りではありません．ただ，階段行列の階数 (階段の数) はもとの行列に対して一通りに定まることが知られています．そこでこの階数 (階段の数) を，もとの行列の階数であると定義いたします．

　行列の**階数**とは，行基本変形を何回か行って階段行列にしたときの，その階段行列の階数 (階段の数) のことである．

シェ 行列 A の階数を

$$\text{rank}\, A$$

という記号で表します．階数のことを rank (ランク) と申します．

王様 階数が階段の数，というのはおぼえやすいが，ランクという言葉は忘れそうだな．

シェ 与えられた行列を階段行列まで変形する方法をお話しいたします．ただし，これはこうすればできるという方法を示すもので，いつでもこの方法がベストであるとは限りません．

A を与えられた行列といたします．A が零行列ならば A はすでに階段行列ですから，$A \neq O$ とします．すると，A の第 1 列，第 2 列，第 3 列，…の中に $\mathbf{0}$ でない最初の列があります．必要ならば行の入れかえを行って，その列の一番上の成分が 0 でないようにします．その列の成分を上から順に

$$a, a_2, a_3, \cdots, a_m$$

で表します．

$$A \longrightarrow \left(\begin{array}{c|c} O & \begin{array}{c} a \\ \\ \\ \\ a \neq 0 \end{array} \end{array} \right) = \left(\begin{array}{c|c} O & \begin{array}{c} a \\ a_2 \\ a_3 \\ \vdots \\ a_m \end{array} \end{array} \right)$$

ここで

$$r_2 - \frac{a_2}{a} r_1, \quad r_3 - \frac{a_3}{a} r_1, \quad \cdots, \quad r_m - \frac{a_m}{a} r_1$$

という行基本変形を続けて行うことにより，a の下の成分をはき出します．第 1 行を r_1，第 2 行を r_2，…で表しています．

$$A \longrightarrow \left(\begin{array}{c|c} O & \begin{array}{c} a \\ a_2 \\ a_3 \\ \vdots \\ a_m \end{array} \end{array} \right) \longrightarrow \left(\begin{array}{c|c} O & \begin{array}{c|c} a & \\ \hline 0 & \\ 0 & \heartsuit \\ \vdots & \\ 0 & \end{array} \end{array} \right)$$

これで 1 段目の階段ができました．次に $\heartsuit$ の部分を行列とみて，同様の変形を行っていきます．以下同様にしますと，最終的に階段行列に到

達いたします．

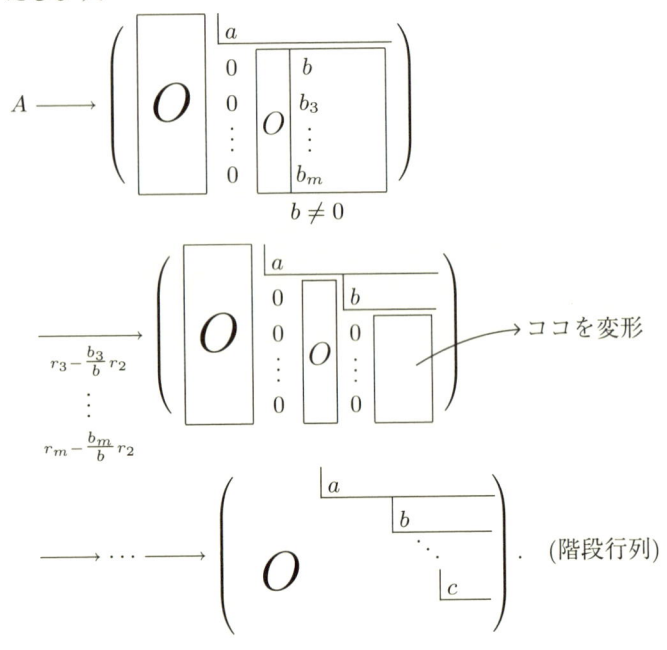

$$A \longrightarrow \begin{pmatrix} & \overset{a}{} & & \\ & O & 0 & b \\ & & 0 & b_3 \\ & & O & \vdots \\ & & 0 & b_m \end{pmatrix}$$
$b \neq 0$

$$\xrightarrow[\substack{r_3 - \frac{b_3}{b}r_2 \\ \vdots \\ r_m - \frac{b_m}{b}r_2}]{} \begin{pmatrix} & \overset{a}{} & & \\ & O & 0 & b & \\ & & 0 & 0 & \\ & & O & \vdots & O \\ & & 0 & 0 & \end{pmatrix}$$ → ココを変形

$$\longrightarrow \cdots \longrightarrow \begin{pmatrix} & \overset{a}{} & & \\ & O & b & \\ & & \ddots & \\ & & & c \end{pmatrix}.$$ (階段行列)

王様　要するに上から順に階段を作っていくわけだな？

シェ　その通りでございます．そして一度できた階段は，それ以降はいじらないのです．

●例題 1

階段行列に変形して，階数を求めよ．

$$A = \begin{pmatrix} 0 & 5 & 9 & 6 & 3 \\ 1 & 3 & 7 & 1 & 4 \\ 1 & -2 & -2 & -5 & 1 \\ 2 & 1 & 5 & -3 & 5 \end{pmatrix}.$$

シェ　いかがでございます？

王様　上から順に階段を作るか．あれ？　左上が 0 だな．

シェ　行を入れかえましょう．

王様　そうか．第 1 行と第 2 行をいれかえて，

$$A \xrightarrow[r_1 \leftrightarrow r_2]{} \begin{pmatrix} 1 & 3 & 7 & 1 & 4 \\ 0 & 5 & 9 & 6 & 3 \\ 1 & -2 & -2 & -5 & 1 \\ 2 & 1 & 5 & -3 & 5 \end{pmatrix}$$

とすればいいのか．第 3 行から第 1 行を引き，第 4 行から第 1 行を 2 倍してひくと，

$$\xrightarrow[\substack{r_3-r_1 \\ r_4-2r_1}]{} \begin{pmatrix} 1 & 3 & 7 & 1 & 4 \\ 0 & 5 & 9 & 6 & 3 \\ 0 & -5 & -9 & -6 & -3 \\ 0 & -5 & -9 & -5 & -3 \end{pmatrix}$$

これで 1 段目の階段ができた．

シェ　次はどういたしましょう．

王様　第 3 行に第 2 行を加え，第 4 行に第 2 行を加えると，

$$\xrightarrow[\substack{r_3+r_2 \\ r_4+r_2}]{} \begin{pmatrix} 1 & 3 & 7 & 1 & 4 \\ 0 & 5 & 9 & 6 & 3 \\ 0 & 0 & 0 & 0 & 0 \\ 0 & 0 & 0 & 1 & 0 \end{pmatrix}$$

となって，2 段目の階段ができた．あれ？　下に 1 が残っちゃった！

シェ　できた階段はもう動かさないのでございます．

王様　そうか！　第 3 行と第 4 行を入れかえればよいのだ．

$$\xrightarrow[r_3 \leftrightarrow r_4]{} \begin{pmatrix} 1 & 3 & 7 & 1 & 4 \\ 0 & 5 & 9 & 6 & 3 \\ 0 & 0 & 0 & 1 & 0 \\ 0 & 0 & 0 & 0 & 0 \end{pmatrix}.$$

これで階段行列になった．階数は 3 だ．

シェ　お見事でございます．

王様　できたできた．要するに上から順に階段を作っていき，一度できた階段はもう動かさずにその下を変形していけばよいのだな．

シェ　それが基本でございます．

●例題 1 の答

rank $A = 3$.

シェ　ちょっと変わった問題をやってみましょう．

●例題 2

次の行列の階数を求めよ．
$$A = \begin{pmatrix} 1991 & 1994 & 1997 \\ 1992 & 1995 & 1998 \\ 1993 & 1996 & 1999 \end{pmatrix}.$$

王様　うわあ．これを階段行列に直すのか？

シェ　普通にやりますと分数計算になって，計算がややこしくなります．少し工夫をしてみましょう．第 3 行から第 2 行を引いて，
$$A \xrightarrow[r_3-r_2]{} \begin{pmatrix} 1991 & 1994 & 1997 \\ 1992 & 1995 & 1998 \\ 1 & 1 & 1 \end{pmatrix}$$

さらに第 2 行から第 1 行を引きます．
$$\xrightarrow[r_2-r_1]{} \begin{pmatrix} 1991 & 1994 & 1997 \\ 1 & 1 & 1 \\ 1 & 1 & 1 \end{pmatrix}$$

第 1 行と第 2 行を入れかえて，
$$\xrightarrow[r_1 \leftrightarrow r_2]{} \begin{pmatrix} 1 & 1 & 1 \\ 1991 & 1994 & 1997 \\ 1 & 1 & 1 \end{pmatrix}$$

第 2 行から第 1 行を 1991 倍したものを引き，第 3 行から第 1 行を引きます．
$$\xrightarrow[\substack{r_2-1991r_1 \\ r_3-r_1}]{} \begin{pmatrix} 1 & 1 & 1 \\ 0 & 3 & 6 \\ 0 & 0 & 0 \end{pmatrix}.$$

これで階段行列になりました．階段が 2 個ですから，

$$\mathrm{rank}\, A = 2$$

となります．階数を計算で求めるとき，途中で計算をまちがえても答は合っている，ということがよくあります．そこがなんだか気持ちわるい，というか，スッキリしない，と思われる方もいらっしゃるようです．

●例題 2 の答
$\mathrm{rank}\, A = 2$.

●小行列式

シェ　階数の計算法は，階段行列に変形する以外にもいろいろあるのですが，その中で小行列式を使うという有力な方法がございます．一見複雑に見えますが，実は意外にわかりやすく，一度おぼえてしまうとなかなか忘れない，という特徴がございます．

　行列 A の，r 個の行と r 個の列をえらび，その他の行と列を取り去ってできる r 次の正方行列の行列式を，A の r 次の**小行列式**という．

シェ　たとえば

$$A = \begin{pmatrix} a & b & c \\ d & e & f \end{pmatrix}$$

とするとき．
A の 1 次の小行列式は，

$$a,\, b,\, c,\, d,\, e,\, f$$

の 6 個です．
A の 2 次の小行列式は，行のえらび方は一通りしかありませんが，列の選び方が 3 通り (第 1 列と第 2 列，第 1 列と第 3 列，第 2 列と第 3 列) ありますから，全部で 3 個あります．すなわち，

$$\begin{vmatrix} a & b \\ d & e \end{vmatrix},\quad \begin{vmatrix} a & c \\ d & f \end{vmatrix},\quad \begin{vmatrix} b & c \\ e & f \end{vmatrix}$$

の3個です.

A の3次(またはそれ以上)の小行列式は存在しません.

王様 なんだか難しそうな話だなあ.

シェ 最初はちょっと,とっつきにくいかもしれません.

● 小行列式と階数

行列 A に,値が0でない r 次の小行列式が存在し,$(r+1)$ 次の小行列式の値がすべて0(または,$(r+1)$ 次の小行列式が存在しない)ならば,A の階数は r である.

王様 うわあ,複雑怪奇! なんだかわけわからん.

シェ いえいえ.これが意外と使えるのでございます.

● 例題3

次の行列の階数を求めよ.

$$A = \begin{pmatrix} 3 & -2 & -1 & -3 \\ -2 & 1 & 1 & 2 \\ 2 & -2 & 0 & -2 \end{pmatrix}.$$

シェ 小行列式を使って解いてみます.

次数の高い方から順に小行列式の値をもれなくしらべていきます.値が0でないものが見つかったら,そこで計算は終了,階数が求まります.

王様 次数の高い方から?

シェ はい.この場合は4次(またはそれ以上の次数)の小行列式は存在しませんから,3次からとなります.

王様 3次の小行列式の値を全部計算するわけ?

シェ　正確な値を計算しなくても，値が 0 か 0 でないかがわかればよいのです．もし 3 次の小行列式の値が 0 でないものが見つかったら，そこで計算は終了です (その場合は階数が 3 になります)．

3 次の小行列式は列のえらび方が 4 通りあるので 4 個出てきますが，値をしらべると，

$$\begin{vmatrix} 3 & -2 & -1 \\ -2 & 1 & 1 \\ 2 & -2 & 0 \end{vmatrix} = -4 - 4 - (-2 - 6) = 0,$$

$$\begin{vmatrix} 3 & -2 & -3 \\ -2 & 1 & 2 \\ 2 & -2 & -2 \end{vmatrix} \underset{c_1 + c_3}{=} \begin{vmatrix} 0 & -2 & -3 \\ 0 & 1 & 2 \\ 0 & -2 & -2 \end{vmatrix} = 0,$$

$$\begin{vmatrix} 3 & -1 & -3 \\ -2 & 1 & 2 \\ 2 & 0 & -2 \end{vmatrix} \underset{c_1 + c_3}{=} \begin{vmatrix} 0 & -1 & -3 \\ 0 & 1 & 2 \\ 0 & 0 & -2 \end{vmatrix} = 0,$$

$$\begin{vmatrix} -2 & -1 & -3 \\ 1 & 1 & 2 \\ -2 & 0 & -2 \end{vmatrix} = 4 + 4 - (6 + 2) = 0$$

となって，すべて値が 0 になります．第 1 列を c_1，第 3 列を c_3 で表しました．

王様　値が 0 でないものは見つからなかったわけだな．

シェ　その通りでございます．そこで今度は次数を 1 つ下げて，2 次の小行列式の値を調べます．すると，行列 A の第 1 行と第 2 行，第 1 列と第 2 列をえらんで小行列式をつくりますと，

$$\begin{vmatrix} 3 & -2 \\ -2 & 1 \end{vmatrix} = 3 - 4 \neq 0$$

となりますから，値が 0 でない小行列式が見つかりました．ここで計算は終了です．

行列 A に，値が 0 でない 2 次の小行列式が存在し，3 次の小行列式の値はすべて 0 ですから，A の階数は 2 となります．

王様　なるほど．複雑に見えたけど，この方法は意外にわかりやすいな．

シェ　一度おぼえると少し時間がたっても忘れない，というのもこの方法の面

白いところだと思います．

●例題 3 の答
rank $A = 2$.

シェ　今度は文字が入ったケースを考えてみましょう．理工系の大学生でも，このタイプの問題は苦手な場合が多いのです．

●例題 4
次の行列の階数を求めよ．a は定数とする．
$$A = \begin{pmatrix} a & 1 & 1 \\ 1 & a & 1 \\ 1 & 1 & a \end{pmatrix}.$$

王様　文字が入ってると体がモジモジしてくる．さっぱりわからん．

シェ　文字のとる値によって答がちがってくることが予想されます．場合分けをうまくやらないと頭が混乱してしまいます．

小行列式を使って考えてみましょう．次数の大きい方から順にしらべて行きます．4 次の小行列式は存在しませんから，次は 3 次の小行列式です．これは行のえらび方も列のえらび方も一通りしかないので，ただ 1 個だけ，すなわち A の行列式 $|A|$ です．この値が 0 でなければ A の階数は 3 になります．そこで，A の行列式を計算します．これは行和が等しいケースなので，

$$|A| = \begin{vmatrix} a & 1 & 1 \\ 1 & a & 1 \\ 1 & 1 & a \end{vmatrix} \underset{\substack{c_1+c_2 \\ c_1+c_3}}{=} \begin{vmatrix} a+2 & 1 & 1 \\ a+2 & a & 1 \\ a+2 & 1 & a \end{vmatrix}$$
$$= (a+2) \begin{vmatrix} 1 & 1 & 1 \\ 1 & a & 1 \\ 1 & 1 & a \end{vmatrix}$$

$$\underset{\substack{c_2-c_1\\c_3-c_1}}{=} (a+2) \begin{vmatrix} 1 & 0 & 0 \\ 1 & a-1 & 0 \\ 1 & 0 & a-1 \end{vmatrix}$$

$$= (a+2)(a-1)^2$$

となります．これが 0 になるのは

$$a = -2 \text{ または } a = 1$$

のときですから，それ以外の場合は

$$|A| \neq 0$$

となって，A の階数は 3 になります．すなわち，

(1) $a \neq 1, -2$ ならば $\operatorname{rank} A = 3$.

王様　なるほど．a の値が 1 と -2 のときが例外で，それ以外のときは A の階数は 3 になるわけか．

シェ　その通りでございます．例外の 2 つのケースについては，個別にしらべて参りましょう．

$a = 1$ のときは，

$$A = \begin{pmatrix} 1 & 1 & 1 \\ 1 & 1 & 1 \\ 1 & 1 & 1 \end{pmatrix}$$

となりますが，2 次の小行列式の値はいずれも

$$\begin{vmatrix} 1 & 1 \\ 1 & 1 \end{vmatrix} = 0$$

となり，1 次の小行列式には値が 0 でないものがあるので，A の階数は 1 となります．

(2) $a = 1$ ならば $\operatorname{rank} A = 1$.

$a = -2$ のときは

$$A = \begin{pmatrix} -2 & 1 & 1 \\ 1 & -2 & 1 \\ 1 & 1 & -2 \end{pmatrix}$$

となりますが，2 次の小行列式の中に

$$\begin{vmatrix} -2 & 1 \\ 1 & -2 \end{vmatrix} = 4 - 1 = 3 \neq 0$$

と，0でないものがあるので，Aの階数は2になります．

(3) $a = -2$ ならば $\operatorname{rank} A = 2$.

以上の (1), (2), (3) で全部の場合をしらべたことになります．

王様 場合分けをうまくやらないと混乱するか．ウーン，難しそうだ．

●例題4の答

$$\operatorname{rank} A = \begin{cases} 1 & (a = 1 \text{ のとき}) \\ 2 & (a = -2 \text{ のとき}) \\ 3 & (a \neq 1, -2 \text{ のとき}). \end{cases}$$

シェ 文字の入った行列の階数を求めるときは，文字のとる値によっていくつかの例外的ケースが出てくるはずですが，それらを1つ1つ個別にしらべるのがポイントです．面倒だからと，いっぺんに片付けようとすると失敗してしまいます．

●宿題12

行列の階数を求めよ（a は定数）．

(1) $A_1 = \begin{pmatrix} 5 & 1 & -3 \\ -6 & -1 & 5 \\ 2 & 3 & 17 \\ 1 & 1 & 5 \end{pmatrix}$. (2) $A_2 = \begin{pmatrix} 3 & 3 & -8 & 1 \\ 6 & 12 & 13 & 4 \\ 4 & 6 & -1 & 2 \end{pmatrix}$.

(3) $A_3 = \begin{pmatrix} a & a & a & a \\ 1 & a & a & a \\ 1 & 1 & a & a \end{pmatrix}$.

● 第十三夜

1次独立と1次従属

●宿題 12 の答

(1)　$\operatorname{rank} A_1 = 2.$　　(2)　$\operatorname{rank} A_2 = 2.$

(3)　$\operatorname{rank} A_3 = \begin{cases} 1 & (a = 1 \text{ のとき}) \\ 2 & (a = 0 \text{ のとき}) \\ 3 & (a \neq 0, 1 \text{ のとき}). \end{cases}$

王様　今夜はヘソ・マーガリン公爵がやって来るぞ．

シェ　ヘソ・マーガリン公爵が？

王様　彼はワシの妹の一人息子だが，世の中にあれほど変わった男は見たことがない．どうも礼儀知らずで困る．言葉づかいもへんてこりんで，とても公爵とは思えない．数学が大好きで，数学の話になるとやたらうるさい，というか気難しい．どうせまた何かケチをつけに来るのだろう．

シェ　これからいらっしゃるのですか？

王様　だから礼儀知らずだというのだ．もう足音が聞こえてきた．

ヘソ・マーガリン公爵をヘソと略記させていただきます．

ヘソ　まっぴらごめんねえ．王様，ご壮健で何よりでござんす．夜分に申し訳ありやせん．

王様　相変わらず無礼な男だ．それにお前も立派な公爵なんだから，もっと上品な言葉を使いさらさんかい！

ヘソ　へえ．おそれ入谷の鬼子母神でござんす．以後気をつけやす．

王様　今日は何しに来たんだ．

ヘソ　王様，最近線形代数を勉強なすってらっしゃるそーで．

王様　それがどうした．

ヘソ　数学を勉強なさるとは，結構けだらけネコ灰だらけでござんす．

王様　だったら文句あるまい．

ヘソ　シェヘラザードの教え方が気にくわねえ．聞くところによると，定義も論理もいい加減，証明もちゃんとやらねえ，そんなのは数学じゃござんせん．

王様　お前が何と言おうと，ワシは十分に満足している．行列式や逆行列の計算ができるようになったのは大進歩だ．

ヘソ　大切なのは理論でござんす．計算じゃござんせん．第一，線形代数なのに線形写像が出てこないなんて，ありえませんぜ．そんなのはインチキでござんす．

シェ　ちょっと公爵様．えらそうなこと言ってくれるじゃないの．あなたは線形写像の話が一般の人にすんなり理解されるとでも思ってるの？　世間の人は全射とか単射とか，写像の話はチンプンカンプンなのよ．数学の言葉を拒絶してしまうのよ．小学生に集合を教えて大失敗したことをもう忘れたの？　公爵様のような単細胞が教壇に立ってえらそうに数学を教えているから，世の中の大部分の人は数学が大っキライになるのよ．今の数学教育は根本的にまちがってるわ．教える相手はロボットじゃない，生身の人間なのよ．正しいことを言ったからって，それがすぐ相手に伝わるほど甘くはないんです！

ヘソ　そ，それを言っちゃあおしめえだぜ！　王様，いささか気分を害しやした．失礼いたしやす．まっぴらごめんねえ．

王様　帰っちゃったよ．

シェ　気にしないことにしましょう．

●線形代数のツボ

シェ　今夜は 1 次独立と 1 次従属というお話をいたします．
　　　線形代数にはいくつかのツボがありますが，中でも 1 次独立と 1 次従属のところはツボの中のツボと言ってよろしいでしょう．

王様　それどういう意味？

シェ　1 次独立と 1 次従属がよくわかるかどうかで，線形代数全体の理解が大きく左右される，ということでございます．

王様　そんなに難しいの？

シェ　いえいえ．定義をおぼえるのは簡単です．けれどもなかなか使いものにならないのです．そのまま時間が立つと定義すら忘れてしまいます．体でおぼえにくいところなのでしょう．1 次独立と 1 次従属でつまづいて線形代数が苦手になる大学生は少なくありません．

●1 次結合

シェ　ベクトルの 1 次結合からご説明いたします．

王様　ベクトルって何だったっけ？

シェ　いくつかの数をタテに並べてカッコで囲んだものでございます．

王様　思い出した．ベクトルを足したり，スカラーをかけたりすることができて，たとえば

$$\begin{pmatrix} a \\ b \\ c \end{pmatrix} + \begin{pmatrix} d \\ e \\ f \end{pmatrix} = \begin{pmatrix} a+d \\ b+e \\ c+f \end{pmatrix},$$

$$k \begin{pmatrix} a \\ b \\ c \end{pmatrix} = \begin{pmatrix} ka \\ kb \\ kc \end{pmatrix}$$

となるのだったな．

シェ　次数のちがうベクトルを足すことはできません．次数と申しますのは，ベクトル

$$\begin{pmatrix} a \\ b \\ c \end{pmatrix}$$

の次数は 3 であり，またベクトル

$$\begin{pmatrix} a \\ b \\ c \\ d \end{pmatrix}$$

の次数は 4 である，という意味でございます．

同じ次数のいくつかのベクトルが与えられたとき，それぞれにスカラー (係数という) をかけて足し合わせたベクトルを，与えられたベクトルの **1 次結合**という．

シェ　たとえば 3 つのベクトル (次数は同じとします) a_1, a_2, a_3 の 1 次結合とは，

$$c_1 a_1 + c_2 a_2 + c_3 a_3$$

という形のベクトルのことで，スカラー c_1, c_2, c_3 をこの 1 次結合の係数とよぶわけです．

● 零ベクトル

成分がすべて 0 であるベクトルを**零ベクトル**といい，**0** で表す．

シェ　すなわち，

$$\mathbf{0} = \begin{pmatrix} 0 \\ 0 \\ \vdots \\ 0 \end{pmatrix}$$

でございます．

ベクトル a にスカラーの 0 をかけますと，成分がすべて 0 になりますから，
$$0a = 0$$
となることがわかります．

●1 次独立と 1 次従属

シェ　同じ次数のいくつかのベクトルが与えられたとき，係数をすべて 0 として 1 次結合をつくると，零ベクトル **0** になります．たとえば，
$$0a_1 + 0a_2 + 0a_3 = 0 + 0 + 0 = 0.$$

　同じ次数のいくつかのベクトルが **1 次独立**であるとは，それらの 1 次結合が零ベクトルになるのは係数がすべて 0 のときに限る，ということである．同じ次数のいくつかのベクトルが 1 次独立でないとき，それらは **1 次従属**であるという．

シェ　1 次独立とは，1 次結合が **0** になるのは係数がすべて 0 のときに限る，ということであり，1 次独立でないことを 1 次従属であるというわけです．

王様　ふーん．なんだかピンと来ないな．

シェ　実例をあげてみましょう．

　次の 3 つのベクトル a_1, a_2, a_3 は 1 次独立になります．
$$a_1 = \begin{pmatrix} 1 \\ 1 \\ 1 \end{pmatrix}, \quad a_2 = \begin{pmatrix} 0 \\ 1 \\ 1 \end{pmatrix}, \quad a_3 = \begin{pmatrix} 0 \\ 0 \\ 1 \end{pmatrix}.$$

なぜかと申しますと，これらのベクトルの 1 次結合が **0** になったといたしますと，係数を c_1, c_2, c_3 として，
$$c_1 a_1 + c_2 a_2 + c_3 a_3 = 0,$$
すなわち

$$c_1 \begin{pmatrix} 1 \\ 1 \\ 1 \end{pmatrix} + c_2 \begin{pmatrix} 0 \\ 1 \\ 1 \end{pmatrix} + c_3 \begin{pmatrix} 0 \\ 0 \\ 1 \end{pmatrix} = \begin{pmatrix} 0 \\ 0 \\ 0 \end{pmatrix}$$

となります．左辺を計算して

$$\begin{pmatrix} c_1 \\ c_1 + c_2 \\ c_1 + c_2 + c_3 \end{pmatrix} = \begin{pmatrix} 0 \\ 0 \\ 0 \end{pmatrix}.$$

2つのベクトルが等しいとは，対応する成分どうしが等しいことですから，次の3つの式が同時に成り立つことになります．

$$c_1 = 0, \quad c_1 + c_2 = 0, \quad c_1 + c_2 + c_3 = 0.$$

したがって，

$$c_1 = 0, \quad c_2 = 0, \quad c_3 = 0.$$

係数がすべて0になりました．1次結合が $\mathbf{0}$ ならば係数はすべて0，ということがわかりましたから，a_1, a_2, a_3 は1次独立になります．

王様 なんだかめんどくさそうな話だなあ．

シェ 一方，次のベクトル b_1, b_2, b_3 は1次従属になります．

$$b_1 = \begin{pmatrix} 1 \\ 1 \\ 5 \end{pmatrix}, \quad b_2 = \begin{pmatrix} -3 \\ 2 \\ 0 \end{pmatrix}, \quad b_3 = \begin{pmatrix} 6 \\ -4 \\ 0 \end{pmatrix}.$$

なぜなら，

$$2 \begin{pmatrix} -3 \\ 2 \\ 0 \end{pmatrix} + \begin{pmatrix} 6 \\ -4 \\ 0 \end{pmatrix} = \begin{pmatrix} 0 \\ 0 \\ 0 \end{pmatrix}$$

ですから

$$0b_1 + 2b_2 + b_3 = \mathbf{0}$$

となります．b_1, b_2, b_3 の1次結合が $\mathbf{0}$ になっているのに，係数が

$$0, \quad 2, \quad 1$$

で，すべてが0というわけではありません．したがって b_1, b_2, b_3 は1次独立ではないので，1次従属になります．

王様 ウーン．ややこしいなあ．頭が混乱してきた．1次独立はまだいいが，1

次従属となると何のことやらさっぱりわからん．
シェ　ここでも，理屈ではなく体でおぼえていただくことが大切でございます．それにはかなり時間がかかるかもしれません．

● 判定法 (1)

シェ　いくつかのベクトル (次数はみな同じとします) が与えられたとき，それらが 1 次独立なのか 1 次従属なのかを判定する方法について，ご説明いたしましょう．

ベクトル (次数はみな同じとします)
$$b_1,\ b_2,\ \cdots,\ b_k$$
が与えられたとき，係数 $c_1, c_2, \cdots, c_k$ を未知数とする方程式
$$c_1 b_1 + c_2 b_2 + \cdots + c_k b_k = \mathbf{0}$$
を考え，この方程式を**線形関係式**とよびます．係数の値をすべて 0 にとれば，この方程式を満たしますから，
$$(c_1, c_2, \cdots, c_k) = (0, 0, \cdots, 0)$$
は線形関係式の 1 つの解になります．この解を**自明な解**とよびます．

　同じ次数のいくつかのベクトルが与えられたとき，線形関係式の解が自明な解だけであれば与えられたベクトルは 1 次独立であり，線形関係式が自明でない解を 1 つでももてば与えられたベクトルは 1 次従属である．

シェ　これは 1 次独立と 1 次従属の定義をただ言いかえただけなのですが，方程式の解がどうなるか，ということでとても考えやすくなります．
王様　なるほど．方程式を解けば結論が出る，というのはわかりやすいな．
シェ　方程式を全部解かなくても，自明でない解があるか無いかがわかればよろしいのです．
　先ほどの例に当てはめてみましょう．
$$b_1 = \begin{pmatrix} 1 \\ 1 \\ 5 \end{pmatrix}, \quad b_2 = \begin{pmatrix} -3 \\ 2 \\ 0 \end{pmatrix}, \quad b_3 = \begin{pmatrix} 6 \\ -4 \\ 0 \end{pmatrix}$$

とするとき，b_1, b_2, b_3 が1次独立か1次従属かを判定したいとします．線形関係式は

$$c_1 b_1 + c_2 b_2 + c_3 b_3 = 0,$$

すなわち

$$c_1 \begin{pmatrix} 1 \\ 1 \\ 5 \end{pmatrix} + c_2 \begin{pmatrix} -3 \\ 2 \\ 0 \end{pmatrix} + c_3 \begin{pmatrix} 6 \\ -4 \\ 0 \end{pmatrix} = \begin{pmatrix} 0 \\ 0 \\ 0 \end{pmatrix}$$

となりますから，これを c_1, c_2, c_3 を未知数とする方程式と考えて，自明でない解があるかどうかをしらべます．左辺のベクトルを計算しますと

$$\begin{pmatrix} c_1 - 3c_2 + 6c_3 \\ c_1 + 2c_2 - 4c_3 \\ 5c_1 + 0 + 0 \end{pmatrix} = \begin{pmatrix} 0 \\ 0 \\ 0 \end{pmatrix}$$

となりますから，線形関係式は

$$\begin{cases} c_1 - 3c_2 + 6c_3 = 0 \\ c_1 + 2c_2 - 4c_3 = 0 \\ 5c_1 \qquad\qquad = 0 \end{cases}$$

という連立方程式になります (未知数は c_1, c_2, c_3)．第3式から

$$c_1 = 0$$

が出ますから，これを第1式，第2式に代入して，

$$\begin{cases} -3c_2 + 6c_3 = 0 \\ 2c_2 - 4c_3 = 0 \end{cases}$$

となりますが，どちらの式も

$$c_2 - 2c_3 = 0$$

と同じですから，これは

$$c_2 = c_3 = 0$$

でなくても成り立ちます．たとえば，$c_2 = 2$, $c_3 = 1$ とすれば成り立ちます．したがって線形関係式が自明でない解をもつ (たとえば $c_1 = 0$, $c_2 = 2$, $c_3 = 1$) ことがわかりましたので，b_1, b_2, b_3 は1次従属である，と判定できました．

王様 なるほど．さっきよりこっちの方が全然わかりやすい．しかし連立方程

式を解くのはめんどくさそうだな．
シェ ちょっとひねった問題を考えてみましょう．

●例題 1

ベクトル a_1, a_2, a_3 は 1 次独立であるとする．次のベクトル b_1, b_2, b_3 は 1 次独立かどうか判定せよ．
$$b_1 = a_1 + 2a_2, \quad b_2 = a_2 + 2a_3, \quad b_3 = a_3 + 2a_1.$$

シェ いかがでございます？
王様 ワシはこういう抽象的な問題はキライだ．だが待てよ．線形関係式は
$$c_1 b_1 + c_2 b_2 + c_3 b_3 = 0$$
だから，これに
$$b_1 = a_1 + 2a_2, \quad b_2 = a_2 + 2a_3, \quad b_3 = a_3 + 2a_1$$
を代入すると，
$$c_1(a_1 + 2a_2) + c_2(a_2 + 2a_3) + c_3(a_3 + 2a_1)$$
$$= c_1 a_1 + 2c_1 a_2 + c_2 a_2 + 2c_2 a_3 + c_3 a_3 + 2c_3 a_1$$
となってシッチャカメッチャカだ！
シェ いえいえ．a_1, a_2, a_3 でまとめてみてはいかがでしょう．
王様 そうか．
$$= (c_1 + 2c_3)a_1 + (2c_1 + c_2)a_2 + (2c_2 + c_3)a_3$$
$$= 0$$
となる，と．はてな？
シェ 問題の条件をよくご覧下さいませ．
王様 わかった！ a_1, a_2, a_3 は 1 次独立だから，1 次結合が 0 になるのは係数がすべて 0 の場合にかぎる．したがって，
$$\begin{cases} c_1 + 2c_3 = 0 \\ 2c_1 + c_2 = 0 \\ 2c_2 + c_3 = 0 \end{cases}$$

この連立方程式を解けばよいのだ！

シェ　お見事でございます．

王様　第 1 式から
$$c_1 = -2c_3$$
となるから第 2 式に代入して
$$2(-2c_3) + c_2 = -4c_3 + c_2 = 0,$$
$$c_2 = 4c_3.$$
これを第 3 式に代入して
$$2(4c_3) + c_3 = 9c_3 = 0,$$
$$c_3 = 0.$$
したがって
$$c_2 = 4c_3 = 0, \qquad c_1 = -2c_3 = 0.$$
係数 c_1, c_2, c_3 がすべて 0 になるから，線形関係式の解は自明な解だけだ．できたできた．b_1, b_2, b_3 は 1 次独立だ．

シェ　正解でございます．

●例題 1 の答

1 次独立

●判定法 (2)

シェ　与えられたベクトルが 1 次独立かどうか，階数を使って判定する方法がございます．

　同じ次数のベクトルが k 個与えられたとき，それらを順に横に並べて行列をつくる．その行列の階数が k ならば与えられたベクトルは 1 次独立であり，その行列の階数が k より小さければ与えられたベクトルは 1 次従属である．

●例題 2

次のベクトル b_1, b_2, b_3 は 1 次独立か.

$$b_1 = \begin{pmatrix} 1 \\ 1 \\ 2 \\ 3 \end{pmatrix}, \quad b_2 = \begin{pmatrix} 1 \\ 2 \\ 3 \\ 4 \end{pmatrix}, \quad b_3 = \begin{pmatrix} 2 \\ -5 \\ -3 \\ -1 \end{pmatrix}.$$

シェ　与えられたベクトルを順に横に並べてできる行列は

$$A = \begin{pmatrix} 1 & 1 & 2 \\ 1 & 2 & -5 \\ 2 & 3 & -3 \\ 3 & 4 & -1 \end{pmatrix}$$

という 4×3 型行列でございます. この行列 A の階数を求めます.

王様　行列の階数というのは, 行基本変形で階段行列まで変形したときの階段の数だったな. ワシが計算してみよう.

$$A = \begin{pmatrix} 1 & 1 & 2 \\ 1 & 2 & -5 \\ 2 & 3 & -3 \\ 3 & 4 & -1 \end{pmatrix} \xrightarrow[\substack{r_2-r_1 \\ r_3-2r_1 \\ r_4-3r_1}]{} \begin{pmatrix} 1 & 1 & 2 \\ 0 & 1 & -7 \\ 0 & 1 & -7 \\ 0 & 1 & -7 \end{pmatrix}$$

$$\xrightarrow[\substack{r_3-r_2 \\ r_4-r_2}]{} \begin{pmatrix} 1 & 1 & 2 \\ 0 & 1 & -7 \\ 0 & 0 & 0 \\ 0 & 0 & 0 \end{pmatrix}$$

となるから, A の階数は 2 になったぞ.

シェ　与えられたベクトルは b_1, b_2, b_3 の 3 個でしたから, 個数の 3 よりも行列 A の階数の方が小さくなります. したがって b_1, b_2, b_3 は 1 次従属である, と判定されます.

●例題 2 の答

1 次従属

● 判定法 (3)

シェ　ベクトルの次数と，与えられたベクトルの個数とが等しい場合には，スッキリした判定法がございます．

n 次のベクトルが n 個与えられているとき，それらを順に横に並べて n 次の正方行列をつくる．その行列の行列式の値が 0 でなければ，与えられたベクトルは 1 次独立であり，行列式の値が 0 ならば与えられたベクトルは 1 次従属である．

シェ　先ほどの例に当てはめてみましょう．3 つのベクトル
$$\boldsymbol{b}_1 = \begin{pmatrix} 1 \\ 1 \\ 5 \end{pmatrix}, \quad \boldsymbol{b}_2 = \begin{pmatrix} -3 \\ 2 \\ 0 \end{pmatrix}, \quad \boldsymbol{b}_3 = \begin{pmatrix} 6 \\ -4 \\ 0 \end{pmatrix}$$
が 1 次独立かどうかを判定します．ベクトルの次数が 3，個数が 3 で一致していますから，判定法 (3) が使えます．行列式
$$\begin{vmatrix} 1 & -3 & 6 \\ 1 & 2 & -4 \\ 5 & 0 & 0 \end{vmatrix}$$
の値が 0 でなければ $\boldsymbol{b}_1, \boldsymbol{b}_2, \boldsymbol{b}_3$ は 1 次独立，行列式の値が 0 ならば $\boldsymbol{b}_1, \boldsymbol{b}_2, \boldsymbol{b}_3$ は 1 次従属となります．第 3 行で余因子展開して，
$$\begin{vmatrix} 1 & -3 & 6 \\ 1 & 2 & -4 \\ 5 & 0 & 0 \end{vmatrix} = 5 \begin{vmatrix} -3 & 6 \\ 2 & -4 \end{vmatrix}$$
$$= 5(12 - 12)$$
$$= 0.$$
したがって，$\boldsymbol{b}_1, \boldsymbol{b}_2, \boldsymbol{b}_3$ は 1 次従属であると判定されました．

王様　これはスッキリして気持ちがいいなあ．あまり余計なことを考えずにスッと答が出てくるところが気に入った．

シェ　ただし，ベクトルの次数と個数が一致している，という前提条件がございます．

● 例題 3

次の 3 つのベクトルが 1 次従属となるような a の値をすべて求めよ．
$$\boldsymbol{b}_1 = \begin{pmatrix} a \\ 1 \\ 1 \end{pmatrix}, \quad \boldsymbol{b}_2 = \begin{pmatrix} 1 \\ a \\ 1 \end{pmatrix}, \quad \boldsymbol{b}_3 = \begin{pmatrix} 1 \\ 1 \\ a \end{pmatrix}.$$

王様　これはピンと来たぞ．ワシがやってみよう．3 次のベクトルが 3 個だから，行列式を計算すると，行和が等しいケースだから，

$$\begin{vmatrix} a & 1 & 1 \\ 1 & a & 1 \\ 1 & 1 & a \end{vmatrix} \underset{\substack{c_1+c_2 \\ c_1+c_3}}{=} \begin{vmatrix} a+2 & 1 & 1 \\ a+2 & a & 1 \\ a+2 & 1 & a \end{vmatrix}$$

$(a+2)$ を第 1 列からくくり出して，

$$= (a+2) \begin{vmatrix} 1 & 1 & 1 \\ 1 & a & 1 \\ 1 & 1 & a \end{vmatrix} \underset{\substack{c_2-c_1 \\ c_3-c_1}}{=} (a+2) \begin{vmatrix} 1 & 0 & 0 \\ 1 & a-1 & 0 \\ 1 & 0 & a-1 \end{vmatrix}$$

$$= (a+2)(a-1)^2$$

となるだろ．$\boldsymbol{b}_1, \boldsymbol{b}_2, \boldsymbol{b}_3$ が 1 次従属ということはこの行列式の値が 0 であることと同じだから，

$$(a+2)(a-1)^2 = 0.$$

すなわち

$$a = 1, \ -2.$$

これが答だ．

シェ　お見事！　正解でございます．

王様　$a=1$ のときは

$$\boldsymbol{b}_1 = \begin{pmatrix} 1 \\ 1 \\ 1 \end{pmatrix}, \quad \boldsymbol{b}_2 = \begin{pmatrix} 1 \\ 1 \\ 1 \end{pmatrix}, \quad \boldsymbol{b}_3 = \begin{pmatrix} 1 \\ 1 \\ 1 \end{pmatrix}$$

となって全部同じベクトルになってしまうが．

シェ　はい．いくつかのベクトル，と申したとき，同じベクトルがダブって登

場しても構わないのでございます．

●例題 3 の答
$a = 1, -2.$

シェ　王様，最近あまりギャグが出ないようでございますが，どうかなさいましたか？

王様　どうしてかな．お前に勧められて線形代数の勉強を始めたときはヤジ馬気分で気楽だったが，だんだん数学にエネルギーを吸いとられてギャグを考える余裕が無くなっちゃったらしい．以前はあれほど嫌いだった数学に，今では集中できるようになってきた．不思議なものだな．

●宿題 13

(1) 次の3つのベクトルは1次独立かどうかを判定せよ．
$$\begin{pmatrix} 1 \\ 3 \\ 7 \\ 1 \end{pmatrix}, \begin{pmatrix} 5 \\ 9 \\ 6 \\ 3 \end{pmatrix}, \begin{pmatrix} -7 \\ -9 \\ 9 \\ -3 \end{pmatrix}.$$

(2) 次の3つのベクトルが1次従属となるような a の値をすべて求めよ．
$$\begin{pmatrix} a \\ 1 \\ -1 \end{pmatrix}, \begin{pmatrix} a \\ a \\ 1 \end{pmatrix}, \begin{pmatrix} a \\ 1 \\ a+1 \end{pmatrix}.$$

(3) ベクトル a_1, a_2, a_3 が1次独立のとき，次のベクトル b_1, b_2, b_3 が1次従属となるような k の値をすべて求めよ．
$$b_1 = a_1 - a_2, \quad b_2 = a_2 + ka_3, \quad b_3 = a_3 + ka_1.$$

● 第十四夜

クラメールの公式

●宿題 13 の答

(1) 1 次従属　(2) $a = 0, 1, -2.$　(3) $k = 1, -1.$

シェ　前回の宿題を少し解説しておきましょう．

(1) は判定法 (2) を用いて行列

$$\begin{pmatrix} 1 & 5 & -7 \\ 3 & 9 & -9 \\ 7 & 6 & 9 \\ 1 & 3 & -3 \end{pmatrix}$$

の階数を計算しますと，階数が2となってベクトルの個数3より小さくなりますから，与えられたベクトルは1次従属になります．

(2) は判定法 (3) を用いて行列式

$$\begin{vmatrix} a & a & a \\ 1 & a & 1 \\ -1 & 1 & a+1 \end{vmatrix}$$

を計算しますと，第 1 行から a をくくり出して (途中の計算は省略しますが)，

$$a(a-1)(a+2)$$
となりますので，与えられたベクトルが 1 次従属となるのはこれが 0 になるとき，すなわち
$$a = 0,\ 1,\ -2$$
のときであることがわかります．

(3) は線形関係式をつくると
$$c_1 \boldsymbol{b}_1 + c_2 \boldsymbol{b}_2 + c_3 \boldsymbol{b}_3 = \boldsymbol{0},$$
すなわち
$$c_1(\boldsymbol{a}_1 - \boldsymbol{a}_2) + c_2(\boldsymbol{a}_2 + k\boldsymbol{a}_3) + c_3(\boldsymbol{a}_3 + k\boldsymbol{a}_1) = \boldsymbol{0}$$
となりますが，変形すると
$$(c_1 + kc_3)\boldsymbol{a}_1 + (c_2 - c_1)\boldsymbol{a}_2 + (kc_2 + c_3)\boldsymbol{a}_3 = \boldsymbol{0}.$$
$\boldsymbol{a}_1, \boldsymbol{a}_2, \boldsymbol{a}_3$ が 1 次独立ですから，
$$\begin{cases} c_1 + kc_3 = 0 \\ c_2 - c_1 = 0 \\ kc_2 + c_3 = 0 \end{cases}$$
と書きかえられます．この連立方程式を c_1, c_2, c_3 を未知数として解くことにしましょう．第 2 式から
$$c_2 = c_1.$$
第 3 式に入れて
$$c_3 = -kc_1.$$
これを第 1 式に入れて
$$(1 - k^2)c_1 = 0$$
となります．ここでもし $1 - k^2$ が 0 でないならば c_1 が 0 となり，したがって c_3, c_2 が 0 になって，線形関係式は自明な解しかもたないことになります．一方，
$$1 - k^2 = 0$$
のとき，すなわち
$$k = 1,\ -1$$

のときは，たとえば
$$c_1 = 1, \quad c_2 = 1, \quad c_3 = -k$$
が問題の連立方程式を満たし，線形関係式の自明でない解があることがわかります．

したがって，b_1, b_2, b_3 が 1 次従属となる k の値は
$$k = 1, \; -1$$
となります．

王様　最終的な答は合っていたが，途中の理屈は複雑怪奇で完全に理解したとは言えない．まだまだだな．

シェ　ここは難しいところですので，最初はそれで十分でございます．慣れてきますと，だんだんからくりが見えて参ります．大丈夫，自信をお持ち下さいませ．

王様　ところで，最近千客万来だが，今夜もまた来客がある．

シェ　どなたでございます？

王様　ボヤッキー男爵だ．スットン卿に刺激されてまたやって来たらしい．スカタンの間に待たせてあるので一緒に行こう．

スカタンの間にて．

王様　ごめんごめん．待たせたな．

ボヤ　王様，なんでスットン卿は黄金の間に通して，わしはスカタンの間なんや．差別やないか．スットン卿にさんざん笑われたで．ムカつくわ．王様とわしは幼なじみやないか．なんでやねん．

王様　まあまあそう怒るな．黄金の間だと目がチカチカして数学に集中できないから，この部屋にしただけだ．ところで，ホールインワンをやったそうだな．

ボヤ　そうやねん．まさか入ると思わんかった．気持ちよかったで．スットン卿の目が点になっとったわ．ざまあみろ，や．

王様　スットン卿とホーホケ卿はゴルフの名手と聞いたが．

ボヤ　ほとんどプロですよ，彼等は．そやけどな，スットン卿は逆行列の計算ができるようになったことがよほど嬉しかったとみえて，ゴルフ場でも線形代数の話をしたがるので困っとるんや．こないだもクラブハウスで突然，**クラメールの公式**を教えてくれ，と聞いてきた．びっくりしたがな．昔どっかで習ったけど，急に聞かれて困ったから，いい加減なことを言ってごまかしたが，スットン卿は執念深いからまた聞いてくるやろ．今さら書物を調べるのはめんどくさいがな．そやからシェヘラザードはん，クラメールの公式，教えて下さい．頼みますわ．

シェ　承知しました．これから連立 1 次方程式のお話をするところでしたので，ちょうどよいタイミングでいらっしゃいました．

ボヤ　おおきに．助かります．

王様　お前は本当に悪運の強い男だな．

ボヤ　もうね．理論とか証明とか，そんなしちめんどくさいことはどうでもよろしい．結果だけ教えてくんなはれ．

● 未知数が 2 個の場合

シェ　たとえば，x, y を未知数とする次の連立 1 次方程式を考えます．

$$\begin{cases} x + y = 1 \\ 2x + 5y = -4 \end{cases}$$

この方程式をクラメールの公式を使って解きますと，

$$x = \frac{\begin{vmatrix} 1 & 1 \\ -4 & 5 \end{vmatrix}}{\begin{vmatrix} 1 & 1 \\ 2 & 5 \end{vmatrix}} = \frac{9}{3} = 3,$$

$$y = \frac{\begin{vmatrix} 1 & 1 \\ 2 & -4 \end{vmatrix}}{\begin{vmatrix} 1 & 1 \\ 2 & 5 \end{vmatrix}} = \frac{-6}{3} = -2$$

となります．

ボヤ　はあー，一発で出てくるわ！　ホールインワンやな．

シェ　x も y も答が行列式の商の形になっています．分母の行列式は連立 1 次方程式の係数をそのまま並べてできるもので，分子の行列式は，x の方は分母の行列式の第 1 列を，y の方は分母の行列式の第 2 列を，それぞれ連立 1 次方程式の右辺の数で置きかえたものでございます．

ボヤ　ふんふん．何となく思い出した．昔どっかで教わった記憶があります．

x, y を未知数とする連立 1 次方程式

$$\begin{cases} ax + by = e \\ cx + dy = f \end{cases}$$

は係数のつくる行列式

$$\begin{vmatrix} a & b \\ c & d \end{vmatrix}$$

の値が 0 でないときただ 1 組の解をもち，その解は

$$x = \frac{\begin{vmatrix} e & b \\ f & d \end{vmatrix}}{\begin{vmatrix} a & b \\ c & d \end{vmatrix}}, \quad y = \frac{\begin{vmatrix} a & e \\ c & f \end{vmatrix}}{\begin{vmatrix} a & b \\ c & d \end{vmatrix}}$$

で与えられる．

シェ　係数のつくる行列式

$$\begin{vmatrix} a & b \\ c & d \end{vmatrix}$$

の値が 0 のときは，この公式は使えませんのでご注意下さい．

●例題 1

クラメールの公式を用いて次の連立 1 次方程式を解け．

$$\begin{cases} 2x - 5y = 1 \\ 5x - 11y = 2 \end{cases}$$

シェ　いかがでございましょう.

ボヤ　公式に当てはめるだけやから簡単に見えるけど，やってみまひょ.

$$x = \frac{\begin{vmatrix} 1 & -5 \\ 2 & -11 \end{vmatrix}}{\begin{vmatrix} 2 & -5 \\ 5 & -11 \end{vmatrix}} = \frac{-11+10}{-22+25} = -\frac{1}{3},$$

$$y = \frac{\begin{vmatrix} 2 & 1 \\ 5 & 2 \end{vmatrix}}{\begin{vmatrix} 2 & -5 \\ 5 & -11 \end{vmatrix}} = \frac{4-5}{3} = -\frac{1}{3}.$$

一発で答が出ましたで.

$$x = -\frac{1}{3}, \quad y = -\frac{1}{3}.$$

これが答でんな.

シェ　正解でございます.

ボヤ　なんや，簡単やないか．お茶の子さいさい．気分ええなあ．

●例題 1 の答
$x = -\dfrac{1}{3}, \quad y = -\dfrac{1}{3}.$

●未知数が 3 個の場合

シェ　未知数が 3 個，方程式が 3 本ある連立 1 次方程式を考えます.

x, y, z を未知数とする連立 1 次方程式

$$\begin{cases} ax + by + cz = j \\ dx + ey + fz = k \\ gx + hy + iz = l \end{cases}$$

は係数行列 (係数のつくる行列) の行列式

$$\begin{vmatrix} a & b & c \\ d & e & f \\ g & h & i \end{vmatrix}$$

の値が 0 でないときただ 1 組の解をもち，その解は

$$x = \frac{\begin{vmatrix} j & b & c \\ k & e & f \\ l & h & i \end{vmatrix}}{\begin{vmatrix} a & b & c \\ d & e & f \\ g & h & i \end{vmatrix}}, \quad y = \frac{\begin{vmatrix} a & j & c \\ d & k & f \\ g & l & i \end{vmatrix}}{\begin{vmatrix} a & b & c \\ d & e & f \\ g & h & i \end{vmatrix}}, \quad z = \frac{\begin{vmatrix} a & b & j \\ d & e & k \\ g & h & l \end{vmatrix}}{\begin{vmatrix} a & b & c \\ d & e & f \\ g & h & i \end{vmatrix}}$$

で与えられる．

シェ x, y, z の式の分母は係数行列の行列式で，分子は同じ行列式の第 1 列，第 2 列，第 3 列をそれぞれ方程式の右辺の数でおきかえたものになっています．

ボヤ なるほど．これも一発で答が出るわけやな．

シェ この公式がなぜ成り立つのか．そのなぞ解きをしておきましょう．

ボヤ そんなしちめんどくさいこと，どうでもええがな．

シェ まあそうおっしゃらずにお聞き下さいませ．

係数行列を

$$A = \begin{pmatrix} a & b & c \\ d & e & f \\ g & h & i \end{pmatrix}$$

とおきます．未知数のベクトルと右辺のベクトルを

$$\boldsymbol{x} = \begin{pmatrix} x \\ y \\ z \end{pmatrix}, \quad \boldsymbol{b} = \begin{pmatrix} j \\ k \\ l \end{pmatrix}$$

とおきます．すると問題の連立 1 次方程式は

$$A\boldsymbol{x} = \boldsymbol{b}$$

と簡単な形で表されます．$A\boldsymbol{x}$ は行列 A とベクトル $\boldsymbol{x}$ の積でございます．A の行列式の値が 0 でないので A は正則で，A の逆行列 A^{-1} が存

在しますから，それを上の式の左からかけて，
$$A^{-1}(A\boldsymbol{x}) = A^{-1}\boldsymbol{b}.$$
ベクトルは列が 1 つしかない行列と見なすことができますから，積の結合法則を適用して
$$A^{-1}(A\boldsymbol{x}) = (A^{-1}A)\boldsymbol{x}$$
$$= E\boldsymbol{x}$$
$$= \boldsymbol{x}.$$
E は単位行列です．したがって，
$$\boldsymbol{x} = A^{-1}\boldsymbol{b}$$
となります．

王様　なるほど．方程式が解けてしまうわけか．

シェ　はい．
$$\boldsymbol{x} = A^{-1}\boldsymbol{b}$$
が，$\boldsymbol{x}$ を未知のベクトルとする方程式
$$A\boldsymbol{x} = \boldsymbol{b}$$
のただ 1 つの解になります．

以前お話しした逆行列の公式を使いますと，余因子を用いて
$$A^{-1} = \frac{1}{|A|} \begin{pmatrix} \tilde{a} & \tilde{d} & \tilde{g} \\ \tilde{b} & \tilde{e} & \tilde{h} \\ \tilde{c} & \tilde{f} & \tilde{i} \end{pmatrix}$$
となります．

王様　ずいぶん前にやった記憶がある．行番号と列番号をひっくりかえして余因子を並べるのであった．

シェ　はい．この式の右からベクトル $\boldsymbol{b}$ をかけて計算しますと，
$$A^{-1}\boldsymbol{b} = \frac{1}{|A|} \begin{pmatrix} \tilde{a} & \tilde{d} & \tilde{g} \\ \tilde{b} & \tilde{e} & \tilde{h} \\ \tilde{c} & \tilde{f} & \tilde{i} \end{pmatrix} \begin{pmatrix} j \\ k \\ l \end{pmatrix} = \frac{1}{|A|} \begin{pmatrix} j\tilde{a} + k\tilde{d} + l\tilde{g} \\ j\tilde{b} + k\tilde{e} + l\tilde{h} \\ j\tilde{c} + k\tilde{f} + l\tilde{i} \end{pmatrix}.$$
左辺がベクトル $\boldsymbol{x}$ に等しいので，

$$\begin{pmatrix} x \\ y \\ z \end{pmatrix} = \frac{1}{|A|} \begin{pmatrix} j\widetilde{a} + k\widetilde{d} + l\widetilde{g} \\ j\widetilde{b} + k\widetilde{e} + l\widetilde{h} \\ j\widetilde{c} + k\widetilde{f} + l\widetilde{i} \end{pmatrix}.$$

2つのベクトルが等しいということは対応する成分どうしが等しいということですから,

$$x = \frac{1}{|A|}(j\widetilde{a} + k\widetilde{d} + l\widetilde{g}),$$
$$y = \frac{1}{|A|}(j\widetilde{b} + k\widetilde{e} + l\widetilde{h}),$$
$$z = \frac{1}{|A|}(j\widetilde{c} + k\widetilde{f} + l\widetilde{i}).$$

一方,行列式

$$\begin{vmatrix} j & b & c \\ k & e & f \\ l & h & i \end{vmatrix}$$

を第1列で余因子展開しますと,余因子は第1列を取り去ってしまいますから $|A|$ の余因子と同じになるので,

$$\begin{vmatrix} j & b & c \\ k & e & f \\ l & h & i \end{vmatrix} = j\widetilde{a} + k\widetilde{d} + l\widetilde{g}.$$

同様に,

$$\begin{vmatrix} a & j & c \\ d & k & f \\ g & l & i \end{vmatrix} = j\widetilde{b} + k\widetilde{e} + l\widetilde{h},$$
$$\begin{vmatrix} a & b & j \\ d & e & k \\ g & h & l \end{vmatrix} = j\widetilde{c} + k\widetilde{f} + l\widetilde{i}.$$

左辺の行列式をそれぞれ第2列,第3列で余因子展開しました.これらの3つの式と先ほどの x, y, z の式をくらべて,x, y, z の公式が得られます.

王様 なるほどなるほど.めずらしく抽象的な話を理解したぞ.誰が考えたか知らんが,よくできてる!

ボヤ ほんまかいな.文字がたくさん出てきただけでさっぱりわからへん.あ

んまり説明が長いんで腹立ってきたわ．

●例題 2

クラメールの公式を用いて次の連立 1 次方程式を解け．
$$\begin{cases} x - y + z = 3 \\ x + 2y + 3z = 2 \\ x + y + 5z = 5 \end{cases}$$

シェ　いかがでございます，ボヤッキー男爵？

ボヤ　えーと，x, y, z の分母はどれも方程式の係数を並べた行列式やから
$$\begin{vmatrix} 1 & -1 & 1 \\ 1 & 2 & 3 \\ 1 & 1 & 5 \end{vmatrix}$$
でおまっしゃろ．3 次の行列式の計算，めんどくさいなあ．

王様　サラスの展開，知らないのか？

ボヤ　それくらい知っとるがな．たすきがけやないか．しゃあない，それでやるか．
$$\begin{vmatrix} 1 & -1 & 1 \\ 1 & 2 & 3 \\ 1 & 1 & 5 \end{vmatrix} = 10 - 3 + 1 - (2 + 3 - 5) = 8$$

となりましたで．

x の分子はこの行列式の第 1 列を右辺の数でおきかえるから，
$$\begin{vmatrix} 3 & -1 & 1 \\ 2 & 2 & 3 \\ 5 & 1 & 5 \end{vmatrix} = 30 - 15 + 2 - (10 + 9 - 10) = 8$$

となりますな．分母は 8 やったから，x の値は
$$x = \frac{8}{8} = 1$$

と求まったで．

y の分子は係数を並べた行列式の第 2 列を右辺の数でおきかえるから，

$$\begin{vmatrix} 1 & 3 & 1 \\ 1 & 2 & 3 \\ 1 & 5 & 5 \end{vmatrix} = 10 + 9 + 5 - (2 + 15 + 15) = -8$$

となる，と．分母は 8 やったから y の値は
$$y = \frac{-8}{8} = -1$$
と求まりました，と．

王様 なかなか順調ですな．

ボヤ 気持ちええなあ．一直線やから余計な事考えんですむわ．

z の分子は係数を並べた行列式の第 3 列を右辺の数でおきかえるから

$$\begin{vmatrix} 1 & -1 & 3 \\ 1 & 2 & 2 \\ 1 & 1 & 5 \end{vmatrix} = 10 - 2 + 3 - (6 + 2 - 5) = 8$$

でんがな．そやから z の値は
$$z = \frac{8}{8} = 1$$
となって，答が求まったで．
$$x = 1, \quad y = -1, \quad z = 1.$$
どうや？

シェ 正解でございます．

ボヤ かんたんかんたん，お茶の子さいさいでんな．クラメールの公式はマスターしましたで．いやあ有難いなあ．これでスットン卿にえらそうな顔して教えられます．シェヘラザードはん，ほんまにおおきに！

シェ どういたしまして．それから 3 次の行列式の計算はいつでもサラスの展開がベストというわけではございませんので，誤解をなさらないようにお願いいたします．

●例題 2 の答

$x = 1, \quad y = -1, \quad z = 1.$

●宿題 14

クラメールの公式を用いて次の連立 1 次方程式を解け.

(1) $\begin{cases} 3x + 3y + 2z = 3 \\ -x + 2y + 2z = -3 \\ 2x + 5y + 3z = 3 \end{cases}$

(2) $\begin{cases} 5x + 9y + 6z = 2 \\ x + 8y + 4z = -3 \\ x + y + 8z = 8 \end{cases}$

(3) $\begin{cases} x + y + z = 3 \\ 2x - 3y - 2z = -5 \\ 3x + 2y + 10z = 25 \end{cases}$

● 第十五夜

連立1次方程式

●宿題 14 の答

（1） $x=1, \quad y=2, \quad z=-3.$　　（2） $x=1, \quad y=-1, \quad z=1.$
（3） $x=\dfrac{1}{3} \quad y=\dfrac{1}{3}, \quad z=\dfrac{7}{3}.$

王様　今夜はヘソ・マーガリン公爵がまた来たいと言ってきた．
シェ　公爵が？　一昨晩は大層ご立腹のようでしたが．
王様　公爵にとって数学は宗教みたいなものだからな．また何か文句をつけに来たのだろう．しかし自分勝手というか，わがままで困る．
ヘソ　まっぴらごめんねえ．王様，一昨晩は大変失礼いたしやした．
王様　また何か文句をつけに来たのか？
ヘソ　いえ，そうじゃござんせん．お願えしてえことがござんす．
王様　立ってないでそこに座れ．
ヘソ　有難うござんす．失礼いたしやす．まあ聞いておくんなせえ．あっしの友だちにイカレ・ポンチ男爵という男がおりやす．今風にいうところの超イケメンで，プレイボーイというか，どうしようもねえ遊び人でござ

んすが，どういうわけか数学が大好きで，数学の話になるとあっしと気が合うんでござんす．

王様　イカレ・ポンチ男爵は舞踏会で見かけたことがあるが，いかにも軽そうな男だったな．

ヘソ　へえ．そのイカレ・ポンチにフルーツ・ポンチという妹がおりやす．こいつが兄貴とちがって数学が大キライ，まったくできません．付属の高校から大学に進学するとき，頭がよさそうに見える，という理由で経済学部を選びやした．ところが入ってみて驚いた．数学が必修で，数学の単位を取らないと進級できねえ．落第する，と言って泣いておりやす．

王様　泣くことはないだろ．落第する方が，楽だい．

ヘソ　おっとお！　相変わらず王様のギャグは強烈でござんす．兄貴のイカレ・ポンチが何とかしようと，フルーツ・ポンチに数学を教えようとしたんでござんすが，のれんに腕押し，ぬかに釘，どうしようもねえんでござんす．イカレ・ポンチが溜息ついてあっしに申しますには，人に数学を教えるのは本当に難しい，と．

シェ　その通りだわ．

ヘソ　そのイカレ・ポンチに，王様が線形代数を勉強しているがシェヘラザードの教え方が気に入らねえと言ったら，イカレ・ポンチ曰く，おめえはシェヘラザードが実際に教えている所を見たのか，見てねえなら実際に見て来い，と．人のウワサだけで文句言うもんじゃねえ，と．イカレ・ポンチの言うこともももっともだと思いやしたので，今夜はシェヘラザード先生の教えてらっしゃる所を見学さしていただきてえと思いやす．

シェ　いいわよ．ただ途中で口をはさまないでちょうだい．

ヘソ　わかりやした．黙っているでござんす．

王様　なんだかうっとーしいが，まあいいだろう．好きなようにするがいい．

ヘソ　感謝感激雨あられでござんす．

● 連立 1 次方程式

シェ　さて，今夜は連立 1 次方程式のお話をいたします．

連立 1 次方程式は，係数を並べてできる行列 A，未知数をタテに並べて

できるベクトル $\boldsymbol{x}$, それに各方程式の右辺の数をタテに並べてできるベクトル $\boldsymbol{b}$ を用いて
$$A\boldsymbol{x} = \boldsymbol{b}$$
という形に書き直すことができます．A を**係数行列**と申します．

●例題 1

次の連立 1 次方程式の係数行列 A を求めよ．
$$\begin{cases} 5y + 9z + 6w = 3 \\ x + 3y + 7z + w = 4 \end{cases}$$

シェ　王様，いかがでございます？

王様　係数行列は方程式の未知数の係数を並べるだけだから簡単だろう．あれ？　上の式には x が出てこない．x の係数が無いなあ．こりゃ困った．

シェ　上の式は
$$0x + 5y + 9z + 6w = 3$$
であるとお考え下さいませ．

王様　なるほど．x の係数は 0 だというわけか．それなら係数行列は
$$A = \begin{pmatrix} 0 & 5 & 9 & 6 \\ 1 & 3 & 7 & 1 \end{pmatrix}$$
となったぞ．

シェ　正解でございます．未知数のベクトル $\boldsymbol{x}$ と右辺のベクトル $\boldsymbol{b}$ はそれぞれ
$$\boldsymbol{x} = \begin{pmatrix} x \\ y \\ z \\ w \end{pmatrix}, \quad \boldsymbol{b} = \begin{pmatrix} 3 \\ 4 \end{pmatrix}$$
となり，問題の連立 1 次方程式は
$$A\boldsymbol{x} = \boldsymbol{b}$$
という形に書き直すことができます．

●例題1の答

$$A = \begin{pmatrix} 0 & 5 & 9 & 6 \\ 1 & 3 & 7 & 1 \end{pmatrix}.$$

シェ　連立1次方程式を

$$A\boldsymbol{x} = \boldsymbol{b}$$

という形に書き直すとき，これは $\boldsymbol{x}$ を未知のベクトルとする方程式と見ることができます．これを $\boldsymbol{x}$ について解けば，連立1次方程式が解けたことになります．

A が正方行列でしかも正則であるならば，A の逆行列 A^{-1} を左からかけて

$$\boldsymbol{x} = A^{-1}\boldsymbol{b}$$

と一ぺんに解けてしまいます．昨晩お話ししたクラメールの公式はこのケースです．

王様　そうだったそうだった．さらに逆行列の公式を使って右辺を計算すると，クラメールの公式になる．

シェ　その通りでございます．

さて，A が正方行列であっても正則でない場合は，逆行列が存在しませんからこの手法は使えません．A が正方行列でない場合も同様です．

王様　係数行列 A が正方行列になるかならないかはどこで決まるのかな？

シェ　A の行の数は方程式の数と同じで，A の列の数は未知数の個数と同じです．ですから A が正方行列になるのは連立1次方程式の

$$\text{未知数の個数} = \text{方程式の数}$$

が成り立つ場合でございます．

●拡大係数行列

シェ　連立1次方程式を

$$A\boldsymbol{x} = \boldsymbol{b}$$

という形に書き直したとき，係数行列 A の右側に右辺のベクトル b を並べてできる行列 (係数行列よりも列の数が 1 つ増えます) を，**拡大係数行列**とよびます．$(A|b)$ という記号で表します．

●例題 2

次の連立 1 次方程式の拡大係数行列を求めよ．

$$\begin{cases} 5y + 9z + 6w = 3 \\ x + 3y + 7z + w = 4 \end{cases}$$

王様　これはさっきの例題と同じ連立 1 次方程式だな．
シェ　その通りでございます．
王様　係数行列が

$$A = \begin{pmatrix} 0 & 5 & 9 & 6 \\ 1 & 3 & 7 & 1 \end{pmatrix}$$

だから，その右側に右辺のベクトル

$$b = \begin{pmatrix} 3 \\ 4 \end{pmatrix}$$

を並べてできる行列が拡大係数行列．ということは，

$$(A|b) = \begin{pmatrix} 0 & 5 & 9 & 6 & 3 \\ 1 & 3 & 7 & 1 & 4 \end{pmatrix}$$

となるわけか．
シェ　正解でございます．

●例題 2 の答
$$\begin{pmatrix} 0 & 5 & 9 & 6 & 3 \\ 1 & 3 & 7 & 1 & 4 \end{pmatrix}$$

● 連立 1 次方程式 $A\boldsymbol{x} = \boldsymbol{b}$ の解法

シェ 連立 1 次方程式の第 1 式，第 2 式，…がそれぞれ拡大係数行列の第 1 行，第 2 行，…で表されています．

拡大係数行列 $(A|\boldsymbol{b})$ に行基本変形を 1 回行って行列 $(A'|\boldsymbol{b}')$ になったとします．変形した行列の一番右の列を $\boldsymbol{b}'$ で表し，残りを A' で表したものです．このとき，2 つの連立 1 次方程式 $A\boldsymbol{x} = \boldsymbol{b}$ と $A'\boldsymbol{x} = \boldsymbol{b}'$ はまったく同じ解をもちます (行基本変形には 3 種類がありますが，それぞれの種類ごとにチェックすることで確かめられます)．

そこで，拡大係数行列 $(A|\boldsymbol{b})$ から出発して行基本変形を何回か行って階段行列 $(B|\boldsymbol{d})$ まで到達したとき，連立 1 次方程式 $A\boldsymbol{x} = \boldsymbol{b}$ と $B\boldsymbol{x} = \boldsymbol{d}$ はまったく同じ解をもちますから，$A\boldsymbol{x} = \boldsymbol{b}$ を解くには $B\boldsymbol{x} = \boldsymbol{d}$ を解けばよいのです．$B\boldsymbol{x} = \boldsymbol{d}$ が解をもたないときは，$A\boldsymbol{x} = \boldsymbol{b}$ も解をもちません．$B\boldsymbol{x} = \boldsymbol{d}$ が解をもつとき，次のようにして連立 1 次方程式 $B\boldsymbol{x} = \boldsymbol{d}$ を解くことができ，それがそのまま連立 1 次方程式 $A\boldsymbol{x} = \boldsymbol{b}$ の解になります．

$(B|\boldsymbol{d})$ が階段行列で $B\boldsymbol{x} = \boldsymbol{d}$ が解をもつとき，$B\boldsymbol{x} = \boldsymbol{d}$ のどれかの方程式の一番左に出てくる未知数以外の未知数をすべて任意定数にとり，下の方程式から順に解いていくことができる．

王様 $B\boldsymbol{x} = \boldsymbol{d}$ が解をもつかもたないかはどうやって判断するのかな？

シェ はい．$B\boldsymbol{x} = \boldsymbol{d}$ が解をもたないケースと申しますのは，階段行列 $(B|\boldsymbol{d})$ の一番下の階段がただ 1 つの数から成る場合でございます．そのときはそこの行に対応する方程式が

$$0 = a \quad (a \neq 0)$$

という形になりますから解をもちません．それ以外の場合には $B\boldsymbol{x} = \boldsymbol{d}$ が解をもちます．

例題 1, 2 で取り上げた連立 1 次方程式

$$\begin{cases} 5y + 9z + 6w = 3 \\ x + 3y + 7z + w = 4 \end{cases}$$

にあてはめてみましょう．拡大係数行列が
$$\begin{pmatrix} 0 & 5 & 9 & 6 & 3 \\ 1 & 3 & 7 & 1 & 4 \end{pmatrix}$$
ですから，これを階段行列になるまで変形していきます．第1行と第2行を入れかえますと，
$$\longrightarrow \begin{pmatrix} 1 & 3 & 7 & 1 & 4 \\ 0 & 5 & 9 & 6 & 3 \end{pmatrix}.$$
早くも階段行列に到達しました．これが先ほどの $(B\,|\,d)$ に相当する行列です．これを連立1次方程式 ($B\boldsymbol{x}=\boldsymbol{d}$) に書きかえますと，
$$\begin{cases} x+3y+7z+\ w=4 \\ 5y+9z+6w=3 \end{cases}$$
となります．

王様 なあんだ．最初の連立1次方程式の順番を変えただけじゃないか．

シェ このケースではそうなっております．方程式の一番左に出てくる未知数は，第1式が x，第2式が y です．それ以外の未知数は z と w ですから
$$z=c, \quad w=d \quad (c,d\,\text{は任意})$$
として，下の方程式から順に解いていきます．第2式から
$$5y+9c+6d=3$$
ですから，これを y について解いて
$$y=\frac{3}{5}-\frac{9}{5}c-\frac{6}{5}d.$$
これと $z=c,\ w=d$ を第1式に入れて x について解きます．
$$\begin{aligned} x &= 4-3y-7z-w \\ &= 4-3\left(\frac{3}{5}-\frac{9}{5}c-\frac{6}{5}d\right)-7c-d \\ &= \frac{11}{5}-\frac{8}{5}c+\frac{13}{5}d. \end{aligned}$$
これで x,y,z,w がすべて求まりました．
$$\begin{cases} x=\dfrac{11}{5}-\dfrac{8}{5}c+\dfrac{13}{5}d \\ y=\dfrac{3}{5}-\dfrac{9}{5}c-\dfrac{6}{5}d \\ z=c \\ w=d \quad (c,d\,\text{は任意}) \end{cases}$$

これが例題 1, 2 で取り上げた連立 1 次方程式の解でございます．

王様 うわあ難しいなあ．頭がクラクラしてきた．

シェ c, d は任意，ということは c も d も勝手な値を入れてよい，ということですから，この連立 1 次方程式は無数に多くの解をもちます．任意定数が出てくる問題は，最初はとっつきにくくて難しいかもしれませんが，慣れてくればそんなにややこしいことではございません．

● 例題 3

次の連立 1 次方程式を解け．

$$\begin{cases} x+\ y+\ z+\ w = 3 \\ x+2y-2z+2w = 2 \\ x+3y-5z+4w = 2 \end{cases}$$

シェ いかがでございましょう？

王様 ウーン，できるかなあ．自信がないがやってみよう．

拡大係数行列は方程式の係数と右辺の数をそのまま並べるから，

$$\begin{pmatrix} 1 & 1 & 1 & 1 & 3 \\ 1 & 2 & -2 & 2 & 2 \\ 1 & 3 & -5 & 4 & 2 \end{pmatrix}$$

となるな．これを行基本変形を使って階段行列まで変形するのだから，まず第 2 行と第 3 行から第 1 行を引いて，

$$\longrightarrow \begin{pmatrix} 1 & 1 & 1 & 1 & 3 \\ 0 & 1 & -3 & 1 & -1 \\ 0 & 2 & -6 & 3 & -1 \end{pmatrix}$$

次に，第 3 行から第 2 行の 2 倍を引いて，

$$\longrightarrow \begin{pmatrix} 1 & 1 & 1 & 1 & 3 \\ 0 & 1 & -3 & 1 & -1 \\ 0 & 0 & 0 & 1 & 1 \end{pmatrix}.$$

これで階段行列になった．

シェ この階段行列を方程式に直しましょう．

王様 えーと，行列の各行を方程式に直すと，

$$\begin{cases} x+y+z+w=3 \\ y-3z+w=-1 \\ w=1 \end{cases}$$

となるな．

シェ この連立 1 次方程式の解と問題の連立 1 次方程式の解は同じですから，この連立 1 次方程式を解けばよろしいのでございます．

王様 任意定数はどうするんだっけ？

シェ 3 つの式の一番左に出てくる未知数はそれぞれ x, y, w でございます．それ以外の未知数をすべて任意定数にとります．

王様 ということは z を任意定数にとるのだから，

$$z = c \qquad (c \text{ は任意})$$

として，それから？

シェ 下の方程式から順に解いていきます．

王様 一番下の式は

$$w = 1.$$

これと $z = c$ を 2 番目の式に入れて

$$\begin{aligned} y &= -1 + 3z - w \\ &= -1 + 3c - 1 \\ &= -2 + 3c. \end{aligned}$$

そうか．これで y, z, w が求まったから，あとはこれらを第 1 式に入れて x について解くと，

$$\begin{aligned} x &= 3 - y - z - w \\ &= 3 - (-2 + 3c) - c - 1 \\ &= 4 - 4c \end{aligned}$$

となって，これで出来たのか．まとめると，

$$\begin{cases} x = 4 - 4c \\ y = -2 + 3c \\ z = c \\ w = 1 \end{cases} \qquad (c \text{ は任意})$$

となった．

シェ　正解でございます．

王様　ウーン．正解が出たのはうれしいが，なんだかスッキリしないなあ．どうも任意定数が出てくるとキモチがわるい．

シェ　w の値は決まってしまいますが，x, y, z については，たとえば x を任意定数にとって y と z をその任意定数で表す，という書き方もございます．見かけ上まったく違う答でも，じつは両方とも正解，ということが起こるのでございます．

王様　ますますややこしくなってきた！

●例題 3 の答
$$\begin{cases} x = 4 - 4c \\ y = -2 + 3c \\ z = c \\ w = 1 \end{cases} \quad (c \text{ は任意})$$

王様　おや？　さっきまで難しい顔をしていたヘソ・マーガリンがニヤッと笑ったぞ．

シェ　今夜のお稽古はここまでだから，もうしゃべってもいいわよ．

ヘソ　なるほど，イカレ・ポンチの言う通りだぜ．

シェ　どういうこと？

ヘソ　人に数学を教えるのは難しいってことさ．シェヘラザードがまんざらインチキじゃねえってことがわかって少し安心しやした．

シェ　あなたにほめられると何だか気持ち悪いわ．

ヘソ　気に入らねえ点もいろいろありやしたが，まあ今夜は言わねえでおきやしょう．
　　　ただ 1 つだけ．連立 1 次方程式をやったのなら，解が存在するための条件を言っとかねえと，話が締まらねえぜ．

シェ　あら，そうかしら．それじゃ，公爵様のお顔を立てて，最後に 1 つ付け加えておきましょう．

連立 1 次方程式が解をもつかもたないかは，係数行列の階数と拡大係数行列の階数が等しいかどうかで決まる．係数行列の階数が拡大係数行列の階数に等しいときは連立 1 次方程式に少なくとも 1 組の解が存在し，係数行列の階数と拡大係数行列の階数が異なるときは連立 1 次方程式に解が存在しない．

●宿題 15

次の連立 1 次方程式を解け (a は定数).

(1) $\begin{cases} x+3y+7z+w=4 \\ 5x+9y+6z+3w=0 \end{cases}$

(2) $\begin{cases} x+y-w=1 \\ -2x-y+z+3w=-1 \\ -x+2z+2w=1 \\ x-y+z-3w=a \end{cases}$

● 第十六夜

数学はなぜ嫌われるのか

●宿題 15 の答

(1) $\begin{cases} x = -6 + \dfrac{15}{2}c \\ y = \dfrac{10}{3} - \dfrac{29}{6}c - \dfrac{1}{3}d \\ z = c \\ w = d \end{cases}$ $(c, d は任意)$

(2) $a \neq 2$ のとき解なし.

$a = 2$ のとき,

$\begin{cases} x = 1 + 2c \\ y = -c \\ z = 1 \\ w = c \end{cases}$ $(c は任意)$

司会　今夜は数学のお稽古を一回お休みし,代わりに**数学はなぜ嫌われるのか**というテーマで座談会を開きます.司会は僭越ながらシェヘラザードが務めさせていただきます.よろしくお願い致します.

　　　ご出席の方々は,王様,ボヤッキー男爵,ホーホケ卿,ヘソ・マーガリ

ン公爵，イカレ・ポンチ男爵，それにフルーツ・ポンチさんです．皆様よろしくお願い致します．

初対面の方もいらっしゃいますので，王様をのぞく皆様，お一人ずつ簡単な自己紹介をお願い致します．ボヤッキー男爵からどうぞ．

ボヤッキー男爵 王様の幼なじみのボヤッキー男爵でおます．ゴルフ大好き，数学大キライ．数学なんてケッタイなもんのどこがおもろいのか，わてにはさっぱりわかりまへん．以上．

ホーホケ卿 拙者は英国のうぐいす谷から参りましたホーホケ卿と申すふつつか者でござる．隣りのボヤッキー男爵とはゴルフ友達ということになっておるが，ボヤッキーはゴルフが超下手くそでいつも文句ばっかり言ってるくせに悪運だけは人一倍強く，こないだもなんとホールインワンをやってしまったのでござる．世の中まちがっとります．以上．

ヘソ・マーガリン公爵 へえ．ヘソ・マーガリン公爵でござんす．王様の甥でござんすが，公爵というタイトルはあっしには重すぎやす．三度のメシより数学が好き．数学はあっしの命でござんす．隣に座ってるイカレ・ポンチ男爵とは数学友達でござんすが，あっしはイカレ・ポンチみてえに軽薄じゃござんせん．へえ．

イカレ・ポンチ男爵 ハーイ！ イカレ・ポンチ男爵だよーん．男爵なんてお芋みたいなタイトルはキライ．自由が大好き．数学も大好き．隣のヘソ・マーガリン公爵とは数学友達だけど，ボクは彼みたいに偏くつじゃないから，数学はこうあらねばならないなんて固いことは言わない．いつでも臨機応変だよーん．

フルーツ・ポンチ どーも，イカレ・ポンチ男爵の妹のフルーツ・ポンチでーす．現在スッテンコロリン大学経済学部１年生です．よろしく♡

司会 今夜の座談会は数学はなぜ嫌われるのかというテーマですが，ご自由にご発言下さい．イカレ・ポンチ男爵の手が上がりました．イカレ・ポンチさん，どうぞ．

イカレ・ポンチ男爵 ボクは数学が大好き．それは数学が美しいから．数学だけじゃないよ．宝石も音楽も，それに女の人も．美しいものは何でも好き．数学がキライな人は，数学の美しさをまだ知らない人だと思う．

ヘソ・マーガリン公爵 あっしはイカレ・ポンチほど軽くはねえが，数学に関してはいささか同意見でござんす．数学がきれえだって人は，要するにくわずぎれえなんでござんしょう．

フルーツ・ポンチ あたしは兄貴や公爵様とちがって数学は大っきらい．数学と聞いただけで拒否反応を示す数学アレルギーです．兄貴は数学が美しいって言うけど，あんなわけわかんないもののどこが美しいのか，まったく理解できません．友達もそう．みんな数学にはいじめられてるわ．あたしは付属の高校から大学に進学したんだけど，学部を選ぶときに，賢そうにみえるっていう単純な理由で経済学部にしたの．まさかこんなに数学ばっかりだとは思わなかった！ 文学部にしとけばよかったって後悔してます．授業でいじめられて数学のイメージは悪くなる一方．どうしよう，このままじゃ数学のせいで落第だわ．

王様 落第した方が，楽だい．

フルーツ・ポンチ おっとお！

ヘソ・マーガリン公爵 そのギャグはどっかで聞いたような気がしやすが．

ホーホケ卿 拙者は根っからの文系でござるが，若い頃一時数学に興味を持ち，自分で勉強したことがござる．解析概論とか申すぶ厚い書物を読みましたが，行間を読んでやっと理解した時の満足感はなかなかのものでござった．ですからポンチ殿の申されることも理解できる．しかしながら，数学は哲学のようなものでござる．面白いと思った者には面白いが，つまらんと思った者にはこの上なくつまらん，ちんぷんかんぷんで毒にも薬にもならぬ．ですからボヤッキーやフルーツ姫の申されることも理解できる．要するに数学が好きか嫌いかは人それぞれでござる．

ボヤッキー男爵 そんなこと言うたら話がそこで終わってしまうがな．今夜のテーマは数学がなぜ嫌われるかっちゅうことやろ．世の中の大半の人間は数学がキライ．これは厳然たる事実やで．中にはイカレ・ポンチはんやマーガリンはんのように数学が好きっちゅう人もおるが，それは例外や．ためしに街歩いてる人に聞いてみなはれ．ほとんどの人は数学がキライでっせ．それがどうしてかっちゅうことが今夜のテーマですがな．

王様 数学が難しくて理解できないから嫌いになる，ということではないの

かな？

ボヤッキー男爵 数学が嫌われる大きな原因の1つであることは否定できんやろ．そやけど難しくて理解できんもんがみな数学みたいに嫌われるかっちゅうと，そうでもない．たとえば源氏物語．辞書を引いても難しくてさっぱり分からん．現代人にはちんぷんかんぷんや．そやけど源氏物語は嫌われておらん．逆に尊敬されとるやないか．

フルーツ・ポンチ 数学が生きていく上でどうしても必要な人って，そんなに多くないでしょ．だから大多数の人は本来数学に関心が無い，無関心だと思うの．それが無関心にとどまらず嫌いになるのは，やっぱり学校で数学を教わって，どこかでイヤな思いをするからだと思うわ．

ボヤッキー男爵 そういえばそうやな．仮に学校では算数だけ教えて数学は教えんことにしたら，世の中の大半の人は数学に無関心になるやろ．そやけど数学嫌いにはならへん．ということは学校教育に問題ありや．

ヘソ・マーガリン公爵 学校で教える数学がつまらねえってことでござんすか？

ボヤッキー男爵 授業がおもろないわ．とくに大学の数学．宇宙人みたいなケッタイな言葉を平気で使うて，何をやってるのかすらわからん．サイアクやで．ようあれで授業料取るわ．

フルーツ・ポンチ 高校の数学もつまらない．中学までは数学がわりと好きだったのに，高校に入って極限とか微分とか抽象的な話が出てきてさっぱりわからなくなったわ．

ホーホケ卿 これは友人の大学教授から聞いた話でござるが，数学の教員を大学で採用する時，授業がうまいとか下手とかは一切考慮せず，研究業績だけで決めるそうじゃ．大学が教育機関であるというのはタテマエで，数学教員のホンネは，自分の研究以外はすべて雑用，授業も雑用，なるべく手ヌキをするに限る．大学生の学力低下が目立ってくると，自分の雑用が増えちゃたまらんから，高校の教育が悪いなどとふざけたことを平気で言う．高校を大学の下請としか考えておらん．大学教員のほとんどは，入学試験の出題委員を除いて，高校で使われている教科書を見たことすら無いそうでござる．

高校の数学の先生もみな大学出だから，大学の数学の先生に強く影響さ

れていて，研究至上主義になって授業がつまらなくなる．

王様　大学受験の影響も大きいのではないのかな？

ホーホケ卿　その通りでござる．大学の入試に高校の数学が悪影響を受けておりまする．受験数学が目的化してしまっている．

ヘソ・マーガリン公爵　受験数学なんて，あんなものは数学じゃござんせん．

イカレ・ポンチ男爵　競争するのは大事なことだけど，今の受験戦争はどう考えてもヘンだよね．いい点数取るために数学の入試問題のパターンと解き方をひたすらおぼえるなんて，ヘソ・マーガリンの言う通り数学じゃござんせんよ．ちっとも美しくない．

ボヤッキー男爵　入試もそうやけど，学校のテストも難しすぎるで．他の科目より明らかに点数が低すぎるわ．いつだったか，百点満点の数学のテストで5点ちゅう点を取ったとき，一瞬目の前が真っ暗になったわ．なんちゅう点数や．こんなこと繰り返しとったら数学がキライになるのは当り前や．テストの問題をやさしくして，生徒に自信を持たせるべきや．満点ゴロゴロでもええやないか．

イカレ・ポンチ男爵　テストをやさしくすると受験にマイナスになると思われてるんだね，きっと．

ホーホケ卿　どうやら今の数学教育は，ほんの一にぎりの者に優越感を与え，他の大多数の者に劣等感を与えているようでござる．

司会　数学が女性に嫌われているという説がありますが．

フルーツ・ポンチ　その通りだと思う．スッテンコロリン大学には女子学生がたくさんいるけど，学部がすごく偏ってるの．女子が多いのは文学部とか法学部とか，数学を使わない学部だけ．文系の学部でも経済とか商とか，数学ができないと進級・卒業できないところは女子が極端に少ない．理工学部でも女子は数学を使わない化学系に集中してるらしい．数学が女子に嫌われてるっていうのは事実です．

ボヤッキー男爵　なんでやろな．女は論理的に物事を考えるのが苦手やから数学は性に合わんちゅうことやろか．

イカレ・ポンチ男爵　男と女では脳の構造が違うって説もあるけど，よくわかんない．不思議だよね．

フルーツ・ポンチ　女の子って勉強に対してわりと真面目な子が多いでしょ．高校の時，友達の女の子が数学のテストでひどい点を取ってべそをかいていたの．あんなに勉強したのにどうしてって言ってた．英語や社会は一生懸命勉強すればそれがほぼ確実に点数に結びつくでしょ．数学はそうはいかないのよ．女の子はそういうことに敏感だから，数学がイヤになるんじゃないかしら．男の子はわりと鈍感だから，数学のテストでひどい点を取ってもそんなにショックを受けないのよ，きっと．

ボヤッキー男爵　なるほど．男の方がギャンブラーで，女はより堅実っちゅうことか．

フルーツ・ポンチ　あと，あたしの場合は高校の数学の先生がすごくムカつく男の先生で，数学のイメージが急降下したってこともあった．もし超イケメンのカッコいい先生だったら，数学が好きになってたかもしれない．女の子はちょうど感じやすい年頃だから，先生の与える印象でその科目の好ききらいがかなり左右されると思う．

イカレ・ポンチ男爵　数学に限らず，先生の人間的魅力ってすごく大事だよね．ヘソ・マーガリンみたいに偏くつな男が女子高生に数学を教えたら，全員が数学ぎらいになっちゃうよ．

ヘソ・マーガリン公爵　なーに言ってやんでえ！　高校生に数学教えようなんて大それたこと，あっしは考えたこともござんせんよ．人に数学教えるってのは，そう誰にでもできるこっちゃねえ．イカレ・ポンチだって妹にうまく数学教えられねえじゃねえか．

ボヤッキー男爵　授業のうまい下手も含めて，先生の当り外れっちゅうのは確かにあるで．外れの先生にあたったら，まあその科目が好きにはならんやろ．とくに数学は当りと外れの差が大きいかもしれん．それと，数学は一度嫌いになるとやる気を失って勉強しなくなるからさらにわからなくなってますます嫌いになるという悪循環に陥りやすいのかもしれんな．

王様　現在行われているカリキュラムに問題はないのかな？

ヘソ・マーガリン公爵　問題大あり！　大あり名古屋のコンコンチキでござんす．今のカリキュラムをうまく組み替えるだけで，数学ぎらいはうーんと減りやすぜ．

ボヤッキー男爵　そもそも数学を必修にすること自体がおかしいんとちゃうかな．読み書きそろばん言うて，算数を全員に教えるのはええ．そやけど数学はなんにも知らんかて一生困らへんで．そんなもん全員に押し付けることないがな．選択にして好きな者だけ勉強したらええのや．数学やらんでもええちゅうことになったら，世の中どれだけ明るくなることか．

王様　ボヤッキーの言うこともわからんではないが，数学はあらゆる学問の基礎だという位置付けがあるから，必修を外すのは難しいだろうな．

イカレ・ポンチ男爵　今のカリキュラムだと，基礎というより専門科目の下請みたいな内容ばっかりで，数学の美しさを伝えるってことが全然考慮されてない．これじゃあ生徒は面白くないから数学嫌いが増えるのは当然だと思うよ．将来学ぶことの予備知識を与えるためにカリキュラムを組むっていう発想はやめた方がいい．

ホーホケ卿　その点は拙者も同感でござる．昔，初等幾何をしっかり教えていた時期があって，学生にも評判が良かった．補助線を一本引いただけで問題が一挙に解決する，その面白さがたまらなく好きだ，という声も少なくなかったのでござる．ところが，初等幾何をやっても将来何の役にも立たぬ，実用性がない，ということでいつのまにかすみっこに追いやられてしまった．嘆かわしいことでござる．

イカレ・ポンチ男爵　初等幾何っていうのは，論理とか証明とか数学のとても大切な部分を理屈ではなく体で覚えさせてくれるでしょ．こんな優れたものを実用性が無いから軽視するなんてどうかしてるよ．何考えてんだろ．

王様　ワシも以前は数学が大嫌いだったが，シェヘラザードに教わるようになってだいぶ見方が変わってきた．今までできなかったことができるようになる．それだけでなんとなくうれしくなる．それがどういう意味を持つかとか，世の中にどうやって役に立つかとか，そんなことを考える前にもっと単純なことがあるのではないか．体で覚える数学，というのはワシも賛成だ．

司会　世の中の多くの人が数学嫌い，ということはどうやら事実のようですが，ではそれを改善するにはどうしたらいいのでしょう．

ボヤッキー男爵　キライを好きに変えるのはムリや．専門家が理屈をこねればこねるほど，現実に数学でひどい目に合うとる人間はシラケる一方やで．数学を必修ではなく選択科目にするべし．それしかあらへん．

フルーツ・ポンチ　あたしは数学大っきらいで今までずいぶんひどい目に合ってるけど，できれば数学を好きになりたいって気持ちもあるのよ．やっぱり学校の授業を変えるのが一番じゃないかしら．

ヘソ・マーガリン公爵　あっしは今のカリキュラムをガラッと変えるだけで数学嫌いは劇的に減ると思っとりやす，へえ．初等幾何もいいテーマだが，初等整数論，ゲーム理論，線形計画法など，面白いテーマをずらっと並べてごらんよ．結構毛だらけ猫灰だらけってもんだぜ．必要な予備知識はその都度ていねいに教えりゃあいい．今のカリキュラムみたいに共通の予備知識を最初に教えときゃあとで専門を教えるのが楽だろうなんて，そんな横着なやり方はダメだよ．一度教えたことは二度と教えねえなんてしみったれたことを言わず，同じことを何回でも教えりゃいいんだ．

テニス部の部員がめんどくせえ体力トレーニングをやるのも，テニスの面白さと難しさを経験してトレーニングの必要性を納得するからでござんしょう．最初からトレーニングばっかりでテニスを経験しなかったら，1年も経たずに全員退部しますぜ．

イカレ・ポンチ男爵　すごい！　ヘソ・マーガリンは偏くつだけど，たまにはいいこと言うよーん．予備知識よせ集め型じゃダメだっていうのはその通りだし，基本的な所は同じことを何回も教えるべきだってのも大賛成．ただ現実には大学入試があるから，予備知識どころか大学入試対応型の授業内容になっちゃうんだよね．

ヘソ・マーガリン公爵　大学入試なんてやめちまえばいいんだ！　あんな下らねえことを何十年も続けるから，数学が一般の人にひどく誤解されちゃうんだよ．大学入試は数学の敵だぜ！

ホーホケ卿　前にも申した通り，数学が好きか嫌いかは結局人それぞれであるから，ボヤッキーの言うように選択にしてしまうというのも1つの方法でござる．物理と並んで数学は生徒にもっとも嫌われておる科目だか

ら，これを選択にして勉強しなくてもよいとすれば，学校の雰囲気も明るくなるであろう．いじめや不登校の改善にも役立つかも知れぬ．

しかしながら，学生の全般的学力低下がここまで目立ってくると，国の将来を考える上でもこれは何とかせねばならぬという声が当然の如く出て来る．数学は学力のシンボルみたいな科目であるから，数学が嫌いな者も含めて，生徒全員に数学をしっかり教えよ，というのが世論の大勢ではあるまいか．数学の嫌いな者に数学をしっかり教える，これは大変な難問であるぞ．

根っこにある問題は，やはり大学でござる．大学が変わらなければ大学入試も変わらない．大学入試が変わらなければ，マーガリン殿やポンチ殿が嘆いておられるように，大学入試対応型の高校の授業も変わらない．しかし今の大学を変えることは至難のワザでござる．

王様　八方ふさがりで打つ手無し，ということか？

ホーホケ卿　いえ，そうではござりませぬ．数学の教え方を変えることで，情況は好転すると思っておりまする．

王様　と言うと？

ホーホケ卿　専門家が数学を教えるとき，論理とか厳密性に重点をおきすぎて，普通の人間には理解できない世界を作ってしまいがちでござる．これを改めて，教え方を方向転換せよと申し上げたいのでござる．

ヘソ・マーガリン公爵　論理を教えちゃいけねーんでござんすか？

ホーホケ卿　英語を教えるとき，最初から厳密な文法ばかり教えたらどうなるか考えてごらんなされ．英語のネイティブスピーカーは文法など全く意識せずに正しい英語を話すことができまする．数学の専門家も，普段は論理とか数学の言葉 (文法) をあまり意識せず，むしろ直観的に数学を考えているそうでござる．それが人に教えるとなると，なぜか論理とか数学の言葉にひどくこだわるようになる．そのことが普通の人間にとってどれほど迷惑なことなのか，専門家にはわかっていないらしい．

イカレ・ポンチ男爵　確かに論理を人に教えるのは本当に難しいよね．ボクも妹に数学教えたとき，全射とか単射なんて簡単だから 1 分で教えられるかと思ったら，手をかえ品をかえで 1 時間以上説明したけど全く通じな

かった．コイツ何てバカなんだろうと思ったけど，じつはこれが普通なのかも知れないね．とにかく述語論理が出てきたらもうダメ．どうやって教えたらいいのかさっぱりわからないよーん．

ホーホケ卿 今までの教え方を改めて，数学に慣れさせる，体で覚えさせる，直観的に理解させる，という方向に教え方を転換すべきでござる．宇宙人のような言語ではなく，人々が日常使っている言葉で説明をする．抽象的な議論は極力避け，よい実例をいくつか示すことで直観的に理解させる．よい練習問題を与え，問題が解けるという快感を実体験させる．この繰り返しで，数学を体で覚えさせるのでござる．

どういう論理を使うかは本来学生・生徒が考えるべきことであって，初めからどの論理を使えと押し付けるものではございませぬ．まちがった論理が出てきたときは，その都度直してやります．正しい論理を身に付けさせるために，時間と手間を惜しんではなりませぬ．

イカレ・ポンチ男爵 なるほど．専門家が気付かないことを聞いたような気がするな．面白い提案だね．

王様 どうやら議論はほぼ出つくしたようだな．数学教育に問題があることはよくわかった．数学が大多数の人から嫌われているという現状は，科学技術立国をめざすわが国にとって決して好ましいものではない．国民の精神衛生上も放置すべきことではあるまい．早速担当の大臣を呼び，改善策を立案するよう指示をいたそう．

今夜の座談会は有意義なものであった．

司会 それではこれにて座談会を終了させていただきます．ご協力有難う存じます．

* * *

王様はお疲れが出たものか，ぐっすりとお休みになっていらっしゃいます．最初は数学が苦手とおっしゃっていた王様ですが，この2週間余りですっかり上達なさいました．お稽古も苦にならないご様子，これからが楽しみでございます．

本当に残念で悲しいことですが，読者の皆様とはここでお別れしなければなりません．線形代数の世界，お楽しみいただけましたでしょうか．
　宮殿は座談会の余韻も消え，静まりかえっております．夜も次第に更けてまいりました．それでは皆様，おやすみなさいませ (シェヘラザードより)．

あとがき

　数学アレルギー大国ニッポン．これでいいのか？
　ケチをつけるのは簡単である．現状が悪いと言うのなら，実現可能な対応策を示す必要があるだろう．
　数学の専門家はハンで押したように「数学の言葉」を教えようとする．論理や証明の重要性を強調する．しかしその前に「数学に慣れる」，「数学を楽しむ」というステップが必要なのではあるまいか．
　最初はまちがいだらけでも，論理がメチャクチャでも，「つまみぐい」でも「いいとこどり」でもよい．まず慣れ親しみ，楽しむこと．「快感」と「優越感」を味わいながら，知らず知らず数学を体で覚えていく．本書では，このような数学教育思想の大転換を提案している．
　本書が「数学アレルギー大国」を少しでも改善させるきっかけとなるならば幸いである．

　　　　　　　　　　　　　　　　　　　　　　　　　　　　小松建三

●索引

●ア行
相性占い (その1) ‥‥‥ 84
相性占い (その2) ‥‥‥ 86
相性行列式 ‥‥‥ 87
1次結合 ‥‥‥ 137
1次従属 ‥‥‥ 139
1次独立 ‥‥‥ 139

●カ行
階数 ‥‥‥ 124
階段行列 ‥‥‥ 121
可換な行列 ‥‥‥ 79
拡大係数行列 ‥‥‥ 164
型 ‥‥‥ 49
奇順列 ‥‥‥ 17
基本行列 ‥‥‥ 106
逆行列 ‥‥‥ 93
逆行列の計算 ‥‥‥ 109
逆行列の公式 ‥‥‥ 96
行 ‥‥‥ 3, 49
行基本変形 ‥‥‥ 105
行番号 ‥‥‥ 17
行列 ‥‥‥ 47
行列式の値 ‥‥‥ 17
行列式の性質 ‥‥‥ 27
行列と行列の積 ‥‥‥ 75
行列とベクトルの積 ‥‥‥ 71
行列のスカラー倍 ‥‥‥ 53
行列の和 ‥‥‥ 52
行和が等しい場合 ‥‥‥ 31
偶順列 ‥‥‥ 17
クラメールの公式 ‥‥‥ 152
係数行列 ‥‥‥ 163
結合法則 ‥‥‥ 78
固有多項式 ‥‥‥ 62

固有値 ‥‥‥ 62
固有方程式 ‥‥‥ 62

●サ行
サラスの展開 ‥‥‥ 19
自明な解 ‥‥‥ 141
順列 ‥‥‥ 15
小行列式 ‥‥‥ 129
スカラー ‥‥‥ 39
正則行列 ‥‥‥ 94
成分 ‥‥‥ 36, 50
正方行列 ‥‥‥ 53
積の行列式 ‥‥‥ 95
零行列 ‥‥‥ 121
零ベクトル ‥‥‥ 138
線形関係式 ‥‥‥ 141

●タ行
対角行列 ‥‥‥ 55
対角成分 ‥‥‥ 54
単位行列 ‥‥‥ 56
単位行列の性質 ‥‥‥ 92
直交 ‥‥‥ 42
展開 ‥‥‥ 7
転倒数 ‥‥‥ 16

●ナ行
内積 ‥‥‥ 41
ノルム ‥‥‥ 43

●ハ行
はき出し ‥‥‥ 5
ベクトル ‥‥‥ 34
ベクトルの次数 ‥‥‥ 36
ベクトルの和 ‥‥‥ 38

● マ行
文字を含む行列式 …… 29

● ヤ行
余因子 …… 23
余因子行列 …… 96
余因子展開 …… 24

● ラ行
列 …… 3, 49
列番号 …… 17
連立 1 次方程式 …… 162

小松建三
こまつ・けんぞう

東京都出身
早稲田大学大学院理工学研究科博士課程修了(数学専攻)
理学博士(専門は整数論)

2007年3月まで慶應義塾大学において
「わかりやすく楽しい数学の授業」を実践.
同大学退職後,数学教育の改革を目指して
著作活動を開始.

著書
『微かにわかる微分積分』(数学書房,2009)
『数学姫——浦島太郎の挑戦』(数学書房,2010)
『群論なんかこわくない』(数学書房,2012)

せんけいだいすうせんいちやものがたり
線形代数千一夜物語

2008年4月 1日　第1版第1刷発行
2013年3月15日　第1版第3刷発行

著者　　小松建三
発行者　横山 伸
発行　　有限会社　数学書房
　　　　〒101-0051　東京都千代田区神田神保町1-32-2
　　　　TEL　03-5281-1777
　　　　FAX　03-5281-1778
　　　　mathmath@sugakushobo.co.jp
　　　　http://www.sugakushobo.co.jp
　　　　振替口座　00100-0-372475
印刷　　モリモト印刷
製本
組版　　飯野 玲
装幀　　STUDIO POT (山田信也・和田悠里)

©Kenzo Komatsu 2008　Printed in Japan
ISBN 978-4-903342-04-7